KB187864

수학 소녀의 비밀노트

고마워 적분

수학 소녀의 비밀노트

고마워 적분

2022년 1월 20일 1판 1쇄 발행
2023년 6월 30일 1판 3쇄 발행

지은이 | 유키 히로시
옮긴이 | 오정화
펴낸이 | 양승윤

펴낸곳 | (주)와이엘씨
서울특별시 강남구 강남대로 354 혜천빌딩 15층
(전화) 555-3200 (팩스) 552-0436

출판등록 | 1987. 12. 8. 제1987-000005호
http://www.ylc21.co.kr

값 17,500원

ISBN 978-89-8401-246-2 04410
ISBN 978-89-8401-240-0 (세트)

• **영림카디널**은 (주)와이엘씨의 출판 브랜드입니다.
• 소중한 기획 및 원고를 이메일 주소(editor@ylc21.co.kr)로 보내주시면,
출간 검토 후 정성을 다해 만들겠습니다.

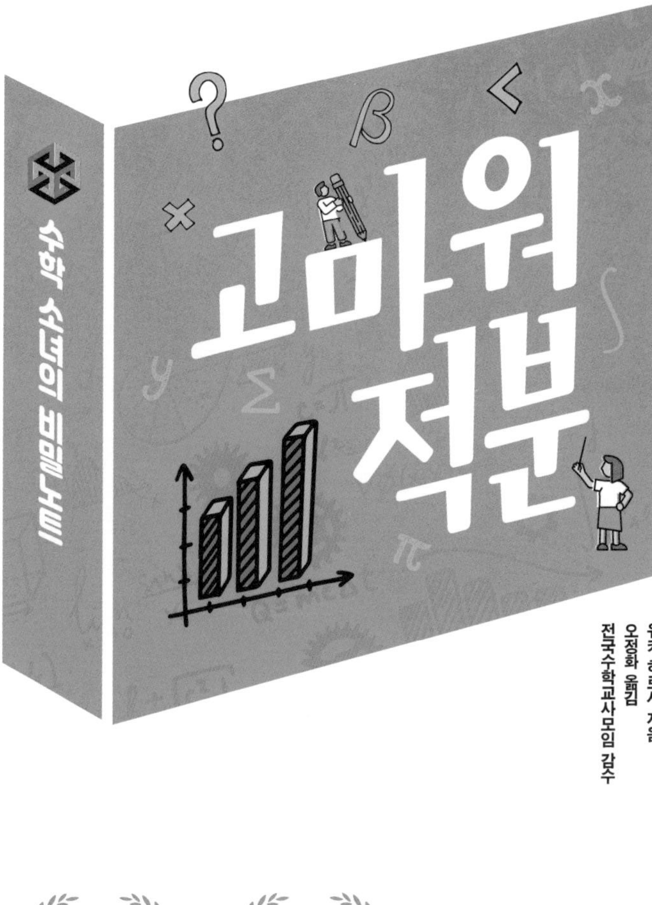

수학 소녀의 비밀노트

고마워 적분

유키 히로시 지음
오정화 옮김
전국수학교사모임 감수

영림카디널

감수의 글

고등학교 시절 나는 수학을 어떻게 배웠는지 지난날을 돌아봅니다. 개념을 완전히 이해하고 문제를 해결했는지 아니면 좋은 점수를 받기 위해 문제 풀이 방법만 쫓아다녔는지 말입니다. 지금은 입장이 바뀌어 학생들을 가르치는 선생님이 되었습니다. 수학을 어떻게 가르쳐야 할까? 제대로 개념을 이해시킬 수 있을까? 수학 공부를 어려워하는 학생들에게 이 내용을 이해시키려면 어떻게 해야 할까? 늘 고민합니다.

'수학을 어떻게, 왜 가르쳐야 하는 것일까'라고 매일 스스로에게 반복하고 질문하며 그에 대한 답을 찾아다닙니다. 그러나 명확한 답을 찾지 못하고 다시 같은 질문을 되풀이하곤 합니다. 좀 더 쉽고 재밌게 수학을 가르쳐 보려는 노력을 하는 가운데 이 책, 《수학 소녀의 비밀노트》 시리즈를 만났습니다.

수학은 인류의 역사상 가장 오래 전부터 발달해온 학문입니다. 수학은 인류가 물건의 수나 양을 헤아리기 위한 방법을 찾아 시작한 이래 수천년에 걸쳐 수많은 사람들에 의해 발전해 왔습니다. 그런데 오늘날 수학은 수와 크기를 다루는 학문이라는 말로는 그 의미를 다 담을 수 없는 고도의 추상적인 개념들을 다루고 있습니다. 이렇게 어렵고 복잡한 내용을 담은 수학을 이제 수학 공부를 시작하는 학생들이나 일반인들이 이해하는 것은 더욱 힘든 과정이 되었습니다. 수학을 어떻게 접근해야 쉽게 이해할 수 있을지 더 고민이 필요해졌습니다.

이 책의 등장인물들은 다양하고 어려운 수학 소재를 가지고, 일상에서 대화하듯이 편하게 이야기하고 있어 부담 없이 읽을 수 있습니다. 대화하는 장면이 머릿속에 그려지듯이 아주 흥미롭게 전개되어 기초가 없는 학생이라도 개념을 쉽게 이해할 수 있습니다. 또한 앞서 배웠던 개념을 잊어버려 공부에 어려움을 겪는 학생이어도 선수 학습 내용을 다시 친절하게 설명해주기에 걱정하지 않아도 될 것입니다. 더군다나 수학을 어떻게 쉽게 설명해야 할까 고민하는 선생님들에게 그 해답을 제시해 주기도 합니다.

수학은 수와 기호로 표현합니다. 언어가 상호간 의사소통을 하기 위한 최소한의 도구인 것과 같이 수학 기호는 수학으로 소통하는 사람들의 공통 언어라고 할 수 있습니다. 그러나 수학 기호는 우리가 일상에서 사용하는 언어와 달리 특이한 모양으로 되어 있어 어렵고 부담스럽게 느껴집니다. 이 책은 기호 하나라도 가볍게 넘어가지 않습니다. 새로운 기호를 단순히 '이렇게 나타낸다'가 아니라 쉽고 재미있게 이해할 수 있도록 배경을 충분히 설명하고 있어 전혀 부담스럽지 않습니다.

또한, 수학의 개념도 등장인물들의 자연스러운 대화를 통해 새롭고 흥미롭게 설명해줍니다. 이 책을 다 읽고 난 후 여러분은 자신도 모르게 수학에 대한 자신감이 한층 높아지고 수학에 대한 두려움이 즐거움으로 바뀌게 될지 모릅니다.

수학을 처음 접하는 학생, 수학 공부를 제대로 시작하고 싶지만 걱정이 앞서는 학생, 막연히 수학에 대한 두려움이 있는 학생, 수학 공부를 다시 도전하고 싶은 학생, 혼자서 기초부터 공부하고 싶은 학생, 심지어 수학을 어떻게 쉽고 재밌게 가르칠까 고민하는 선생님에게 이 책을 권합니다.

전국수학교사모임 회장

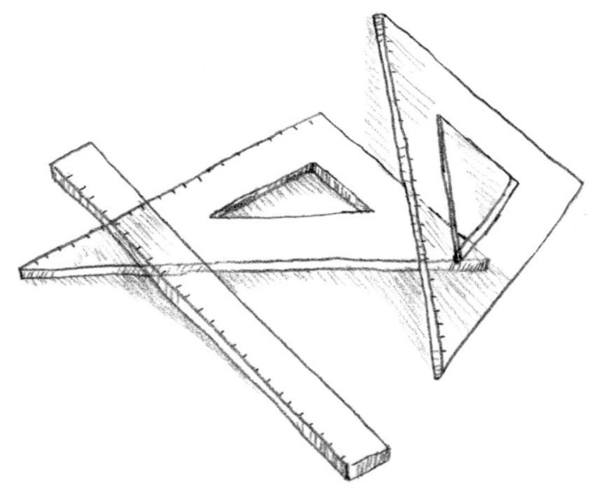

독자에게

이 책에서는 유리, 테트라, 미르카, 그리고 '나'의 수학 토크가 펼쳐진다.

무슨 이야기인지 이해하기 어려워도, 수식의 의미를 이해하기 어려워도

멈추지 말고 계속 읽어 주길 바란다.

그리고 그들이 하는 말을 귀 기울여 들어주길 바란다.

그래야만 여러분도 수학 토크에 함께 참여하는 것이 되니까.

등장인물 소개

나 고등학교 2학년. 수학 토크를 이끌어 나간다. 수학, 특히 수식을 좋아한다.

유리 중학교 2학년. '나'의 사촌 동생. 밤색의 말총머리가 특징. 논리적 사고를 좋아한다.

테트라 고등학교 1학년. 항상 기운이 넘치는 '에너지 걸'. 단발머리에 큰 눈이 매력 포인트.

미르카 고등학교 2학년. 수학에 자신이 있는 '수다쟁이 재원'. 검고 긴 머리와 금속테 안경이 특징.

어머니 '나'의 어머니.

미즈타니 선생님 내가 다니는 고등학교에 근무하고 계신 사서 선생님.

차례

제2장 샌드위치 정리로 구하다

제3장 미적분학의 기본 정리

제4장 식의 형태를 꿰뚫어 보다

제5장 원의 넓이를 구하다

프롤로그

모든 시대를 계속 쌓으면
오늘의 세상이 만들어질까.

작은 돌멩이를 모두 모아 나가면,
지구가 통째로 만들어질까.

모든 나를 하나로 합치면,
나의 모든 것이 만들어질까.

모든 것의 전부를 바라보고 있으면,
그 모든 것을 이해할 수 있을까.

바라보고, 바라보고, 또 바라보면서
처음으로 깨달은 것이 있다.
처음으로 발견한 것이 있다.

만약 바로 발견하지 못하더라도,

지켜보는 일부터 시작하자.

그대의 주변부터 시작하자.

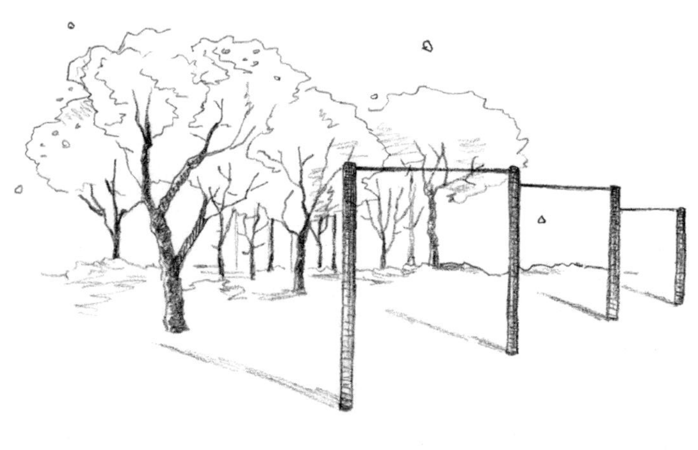

제1장

변화를 바라보는 곱셈

"변해 가는 것은 바라보고 싶어진다."

1-1 나의 방

유리 오빠야, 수학은 참 이상한 문제가 많아.

나 이상한 문제?

중학생인 유리는 나의 사촌 동생. 나를 '오빠야'라고 부른다. 휴일이면 언제나 나의 방에 놀러 와 함께 수학 퀴즈를 푸는 가까운 사이이다.

유리 형제가 역까지 함께 걷습니다. 하지만 형은 걸음이 빨라 동생을 두고 혼자 갑니다…, 뭐 이런 문제 말이야.

나 응. 있을 법한 문제야.

유리 둘이 같이 걸으면 되잖아!

나 하하, 맞는 말이네. 유리의 말대로 실제 생활에서는 정말 이상하게 들리는 이야기야. 예를 들어 이런 문제 말이지?

••• **문제 ❶ (함께 걷는 형제)**

두 형제가 동시에 집에서 나와 역까지 걸어간다. 형은 1분에 100m를 걷지만, 동생은 1분에 50m밖에 걷지 못한다. 집에서 역까지의 거리가 500m라면, 형이 역에 도착했을 때 동생은 집에서 몇 m 떨어진 지점에 있을까?

유리 맞아, 바로 이런 문제. 동생이 불쌍하다냥….

유리는 고양이 말투로 볼멘소리를 했다.

나 그런데 유리야, 이 문제 풀 수 있어?

유리 이런 문제는 간단하지! 집에서 역까지의 거리가 500m이고, 형은 1분에 100m를 가니까 역에 5분 만에 도착하잖아!

$$\frac{500(\text{m})}{100(\text{m}/\text{분})} = 5(\text{분})$$

나 맞아.

유리 그리고 동생은 1분에 50m를 가니까 5분 동안 250m를 걸어. 그러니까 동생은 집에서 250m 떨어진 지점에 있어!

$$50(\text{m}/\text{분}) \times 5(\text{분}) = 250(\text{m})$$

유리는 말총머리로 묶은 밤색 머리카락을 흔들며, 득의양양하게 말했다.

••• 해답 ❶ (함께 걷는 형제)

동생은 집에서 250m 떨어진 지점에 있다.

나 맞아. 정답!

유리 그래도 동생을 두고 가다니, 너무해!

나 그러게 말이야.

유리 오빠라면 유리를 두고 먼저 갈 거야?

나 굳이 말하자면, 유리가 나보다 더 빨리 가지 않을까?

유리 뭐?

나 유리를 혼자 두고 가지 않지…. 음, 그럼 역에 도착한 형이 다시 동생이 있는 곳까지 돌아간다고 생각해보자.

유리 돌아간다고?

●●● **문제 ❷ (왕복하는 형)**

두 형제가 동시에 집에서 나와 역까지 걸어간다. 형은 1분에 100m를 걷지만, 동생은 1분에 50m밖에 걷지 못한다. 집에서 역까지의 거리는 500m이다. 형은 역에 도착하자마자 바로 방향을 바꾸어 다시 동생 쪽으로 향한다. 그리고 동생이 있는 곳에 도착하면 다시 방향을 바꾸어 역 쪽으로 향한다. 이렇게 형이 역과 동생 사이를 왕복한다고 할 때, 동생이 역에 도착할 때까지 형은 총 몇 m를 걷게 될까?

유리 이게 뭐야…. 왔다 갔다 하면 힘들잖아!

나 그래도 의미는 이해했지?

유리 잠깐만 기다려봐. 동생이 점점 역에 가까워진다는 것은 형이 왕복하는 거리가 점점 짧아진다는 말이지. 마지막엔 휙 휙… 하고 미세하게 왔다 갔다 하게 돼. 그건 무리야.

나 음, 현실 세계에서는 불가능하니 점의 이동으로 생각해보자.

유리 그래도 어렵지 않을까? 덧셈을 무한히 해야 하잖아.

나 문제 2도 문제 1처럼 바로 풀 수 있어.

유리 무한히 왕복하는데도?

나 소요 시간에 주목하는 거야. 형은 역과 동생 사이를 왕복하는 거잖아. 그렇다면 동생은 어떨까? 동생은 집에서 역까지 쭉 걸어가겠지. 동생이 역에 도착하기까지 걸리는 시간은 몇 분이지?

유리 집에서 역까지의 거리는 500m이고, 동생은 1분에 50m를 걸어. 그렇다면…,

$$\frac{500(\text{m})}{50(\text{m/분})} = 10(\text{분})$$

이 되니까, 10분 걸리네.

나 그럼, 형이 10분 동안 걷는 거리는 몇 m일까?

유리 아, 그렇구나! 형은 1분에 100m를 가니까, 10분 동안…,

$$100(\text{m/분}) \times 10(\text{분}) = 1000(\text{m})$$

즉, 1,000m를 걷는다!

나 맞아, 정답이야.

●●● 해답 ❷ (왕복하는 형)

형이 걷는 거리는 총 1,000m이다.

유리 이거 뭐야, 대단하다….

나 1분 동안 걷는 거리를 알고 있으니 '걸리는 시간', 다시 말해 소요 시간에 주목하는 게 자연스럽지.

유리 곱셈을 하면 되는구나!

나 맞아. 얼마나 걸었는지, 그 거리는 곱셈으로 구할 수 있어.

속도×소요 시간

이라는 곱셈으로 넓이를 구하는 식과 같아.

유리 응? 넓이는 구할 수 없는데?

나 아니, '속도 그래프'의 넓이를 구하는 거야. 일반적으로는 속도를 적분하게 되는데….

유리 적분? 그게 뭐야, 재미있는 이야기야?

나 그럼, 아주 재미있지. 조금 쉬운 예로 설명해볼까? 그럼 유리도 적분이 무엇인지 알 수 있을 거야.

유리 복잡한 이야기야?

나 아니, 유리라면 잘 이해할 수 있어.

유리 좋아, 그렇다면 어디 시작해보시지요.

나 ….

그렇게 우리는 '적분을 배우는 여행'을 시작했다.

1-2 변화하는 위치

나 직선 하나가 있고, 점 P가 그 위를 움직이고 있다고 하자.

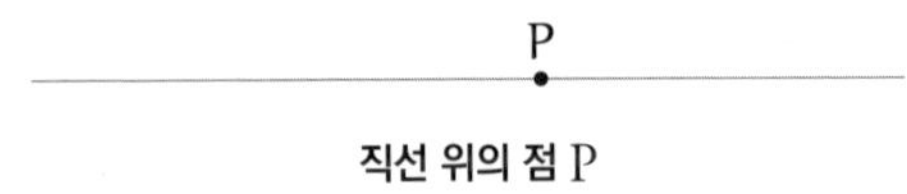

직선 위의 점 P

유리 등장했구나, 점 P.

나 어떠한 표시가 없다면 점 P가 어디에 있는지, 그 위치를 알지 못해. 그래서 직선에 숫자 눈금을 표시하는 거야. 단순한 직선을 수직선(數直線, number line)으로 만든 거지.

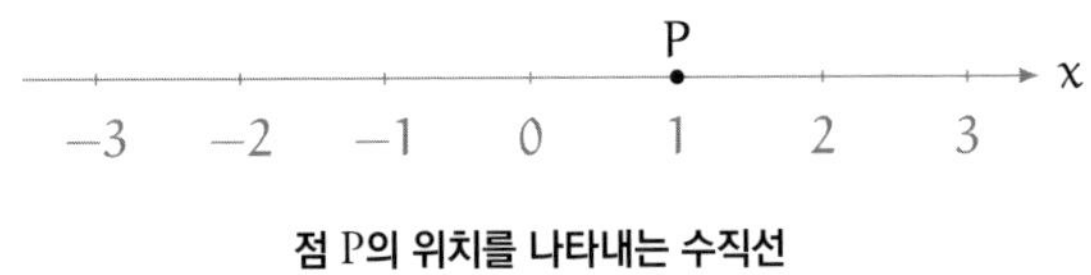

점 P의 위치를 나타내는 수직선

유리 흠, 수직선.

나 점 P의 위치를 x라고 한다면, 점 P가 위치 1에 있을 때를,

$$x = 1$$

이라는 식으로 나타낼 수 있어. 예를 들어….

유리 $x = 10$이라면?

나 점 P, 꽤 앞으로 나갔구나!

유리 $x = 300000000$이 되면?

나 갑자기 멀리까지 갔네! …뭐, 그런 식으로.

유리 전혀 어렵지 않네.

나 좋았어. 그런데 점 P는 이동하고 있어. 예를 들어 점 P가 위치 X_1에서 위치 X_2로 움직였다고 하자.

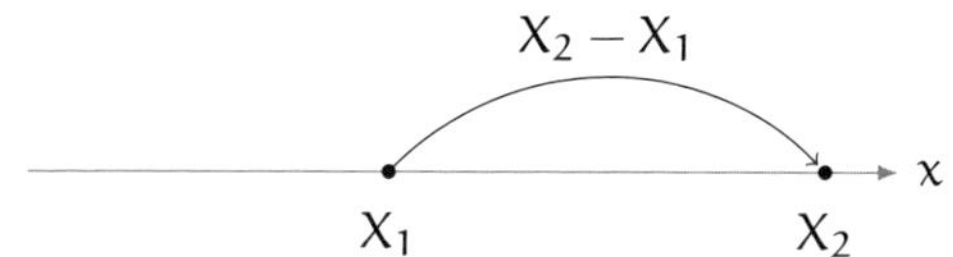

점 P가 위치 X_1에서 위치 X_2로 이동했다.

유리 응. 움직였어.

나 이때 '위치의 변화'는,

$$《위치의\ 변화》= X_2 - X_1$$

로 나타낼 수 있어. '위치가 얼마만큼 변화했는가'라는 말이지.

유리 그렇구나.

나 $X_2 - X_1$로 '위치의 변화'는 알아도, 속도는 알 수 없어.

유리 1초 만에 움직였는지, 3만 년 동안 움직였는지 모르니까.

나 맞아. 소요 시간을 모르기 때문에 속도를 알 수 없어. 따라서 점 P의 속도를 알려면 시간마다 위치를 생각해야만 하는 거지. 예를 들어,

- 점 P는 시간 T_1일 때 위치 X_1에 있다.
- 점 P는 시간 T_2일 때 위치 X_2에 있다.

라는 식으로 말이야.

유리 그럼 소요 시간은 $T_2 - T_1$이 되겠네!

나 그렇지. 소요 시간이란 '시간의 변화'를 의미하기 때문에,

$$《시간의\ 변화》 = T_2 - T_1$$

로 나타내. 여기까지 이해했다면 속도를 구할 수 있어. 즉,

$$《속도》 = \frac{《위치의\ 변화》}{《시간의\ 변화》} = \frac{X_2 - X_1}{T_2 - T_1}$$

이 되는 거야.

유리 이해는 했지만, 조금 귀찮네.

나 귀찮아?

유리 위치와 시간, 속도가 나와서 번거로워.

나 위치는 '어디', 시간은 '언제', 속도는 '어느 방향으로 얼마만큼의 빠르기'를 의미하니까 까다롭지 않아.

유리 시간도, 위치도 한꺼번에 변하니까 복잡한걸.

나 여러 가지가 동시에 변화해서 복잡할 때는 쉽게 이해할 수 있도록 그래프를 그리는 것도 좋은 방법이야. 변화를 알기 위해서 말이지.

유리 그렇구냥.

나 시간의 변화에 따라 위치가 어떻게 변하는지 알고 싶을 때는 '위치 그래프'를 그려. 그리고 시간의 변화에 따라 속도가 어떻게 변하는지 알고 싶을 때는 '속도 그래프'를 그리는 거지. 자, 직접 한번 그려볼까? 먼저 '위치 그래프'를 알아보자.

문제 ❸ 《위치 그래프》 그리기

점 P는 일정한 속도 V로 수직선 위를 움직이고 있다.

점 P는 시간 0일 때, 위치 C에 있다.

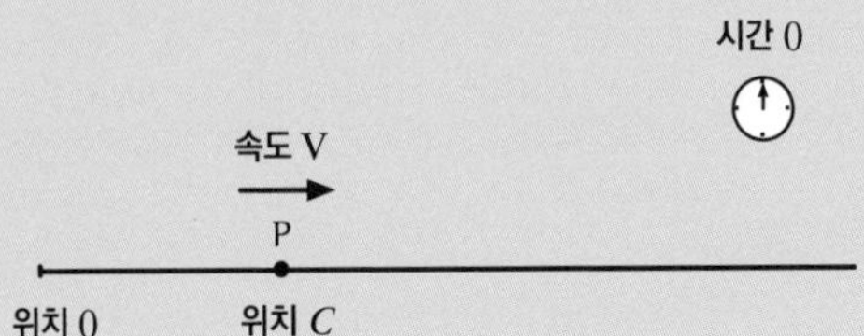

시간 t에서의 P점의 위치를 x라고 하자.

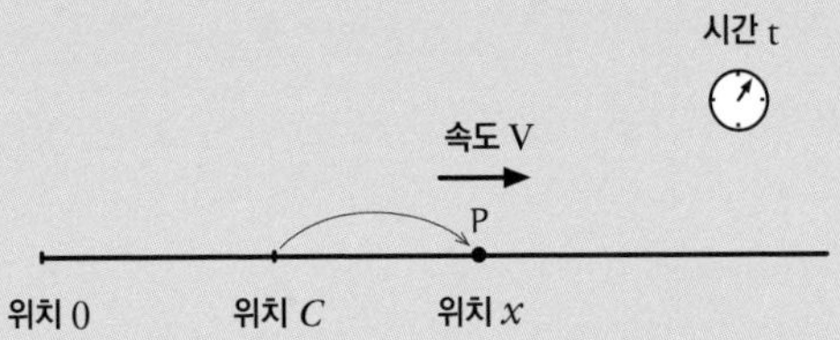

점 P가 계속 일정한 속도 V로 움직인다고 할 때, 시간 t와 위치 x의 관계를 나타내는 '위치 그래프'를 그려보자.

유리 점 P는 일정한 속도로 움직이기 때문에 '위치 그래프'는 계속 똑바로 증가하겠지.

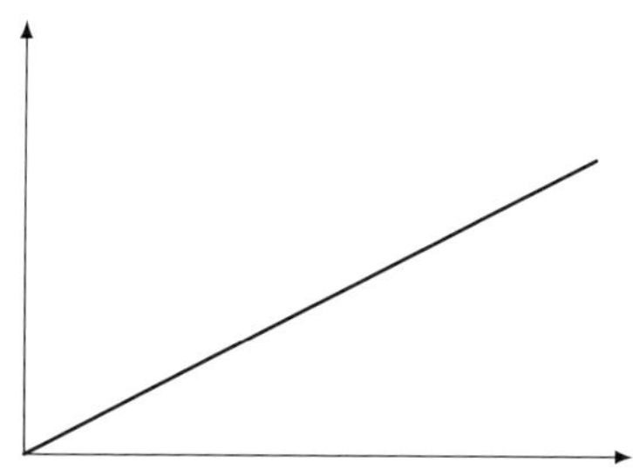

나 응?

유리 아, 아니다, 틀렸다. 처음에는 C구나.

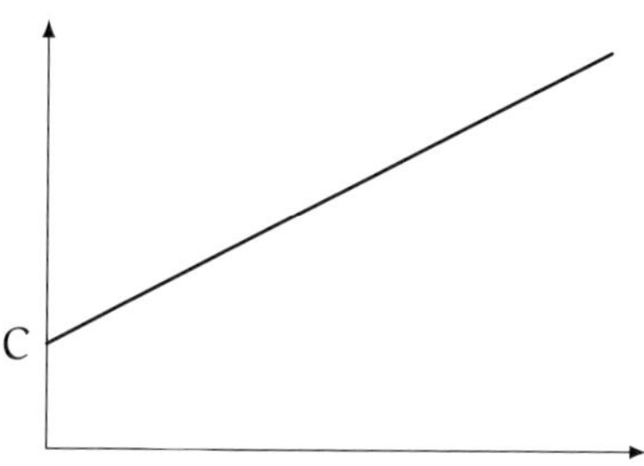

나 아니, 유리. 아무리 귀찮다고 하더라도 너무 생략했어. 가로축과 세로축이 무엇을 나타내고 있는지 정하지 않으면 무의미한 그래프가 되어 버리니까 말이야.

유리 그렇구나. 음, 그러면…, 가로축은 시간 t이고, 세로축은 위치 x인 거네.

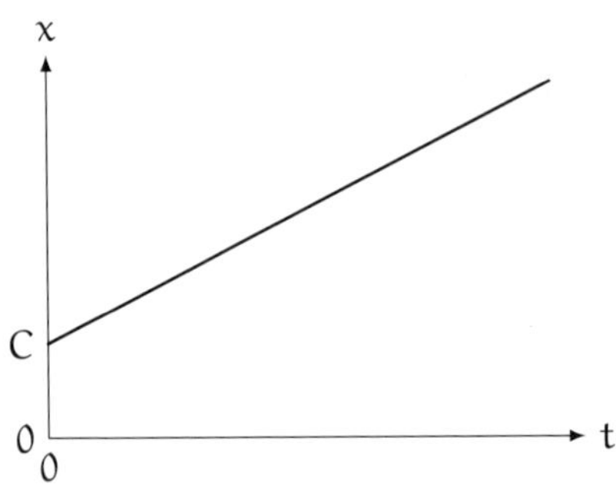

나 응, 그렇지. 이 그래프라면 점 P는 시간이 0일 때, 위치 C에 있다는 사실을 알 수 있어. t = 0일 때, x = C가 되기 때문이야.

유리 그렇구나. 그런데 왜 이 그래프에는 0이 두 개나 있는 거야?

나 아, 시간의 0과 위치의 0이야. 일반적으로 두 개를 합쳐서 원점 O로 적지만, 한번 나누어 적어봤어.

유리 흐음.

나 이 그래프에서 시간이 0이 아닐 때의 위치도 생각해볼까? 예를 들어, t = 1일 때 x의 값은 어떻게 될까?

유리 음, 속도가 V, 소요 시간이 1이니까 V × 1 = V만큼 나가는구나. 처음에는 C에 있으니까, V + C가 되는 거지?

나 그렇지. t = 1일 때 x = V + C야. 그 상태를 '위치 그래프'에 그려보자.

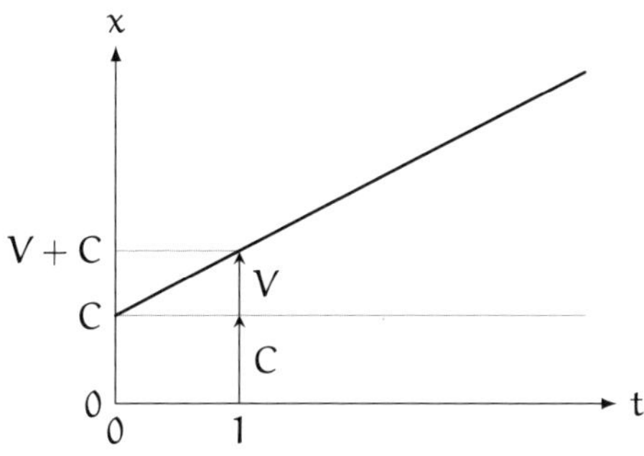

시간 t = 1일 때, 위치 x = V + C

유리 아하. C의 위에 V가 올라타 있는 거네.

나 C는 t = 0일 때의 위치이기 때문이야. 마찬가지로 시간 t를 변화시키면 x는…,

t = 0일 때 x = C

t = 1일 때 x = V + C

t = 2일 때 x = 2V + C

t = 3일 때 x = 3V + C

…라는 형태가 되지. 최초의 C위치에 비해 얼마나 위치가 변화했는지 보면, 시간 t = 1에서는 V만큼 증가하고, t = 2에서는 2V, t = 3에서는 3V만큼 늘어나고 있어. 즉 최초의 위치 C로부터의 '위치의 변화'는 시간에 비례한다는 사실

을 알 수 있지.

유리 그렇구나!

나 이를 일반화하면 시간 t일 때의 위치 x는,

$$x = Vt + C$$

라고 할 수 있어. 그래프는 기울기가 V인 직선이 되는 거고.

유리 나왔다, 일반화.

●●● **해답 ❸《위치 그래프》 그리기**

점 P의 시간 t와 위치 x의 관계를 나타낸 '위치 그래프'는 아래와 같다.

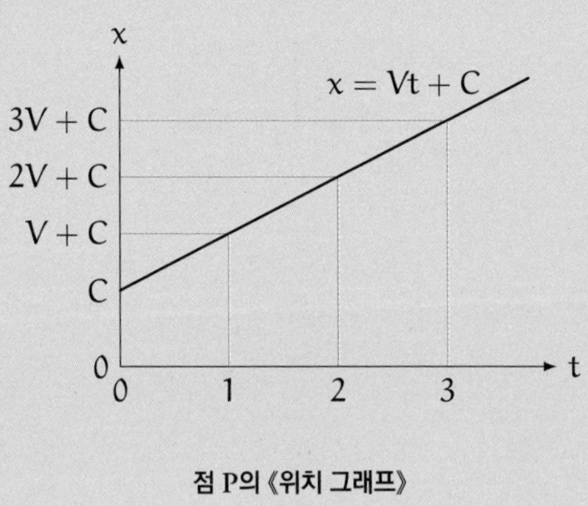

점 P의《위치 그래프》

유리 흐음. 오빠야는 식으로 쓰는 것을 좋아하지?

나 응, 맞아. V와 C를 알면, $x = \mathrm{V}t + \mathrm{C}$라는 식에서 어떠한 시간 t에 대해서도 위치 x를 구할 수 있어. 여기 '어떠한 시간 t에 대해서도'라는 부분이 참 인상적이야.

유리 오빠야는 수식을 참 좋아한다니까.

나 '위치 그래프'는 이 정도로 하고, '속도 그래프'를 알아볼까?

유리 속도는 계속 변하지 않으니까 수평선이지?

나 그렇지. 어떠한 시간 t에 대해서도 점 P의 속도는 일정한 값 V로 항상 같아. 시간 t에서 점 P의 속도를 소문자 v로 나타내면, '속도 그래프'는

$$v = \mathrm{V}$$

라는 식의 수평선이 되는 거야. 가로축은 시간 t이고, 세로축은 속도 v지.

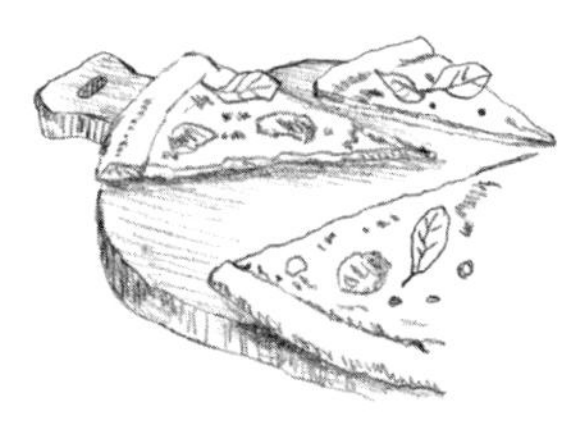

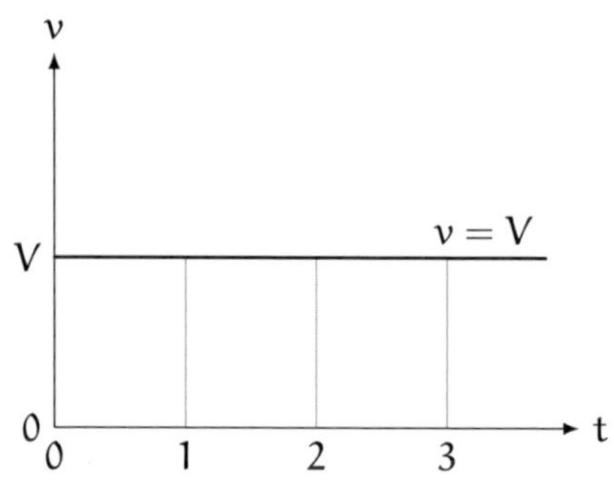

점 P의 《속도 그래프》

유리 속도는 계속 변하지 않으니깐.

나 맞아. 점 P의 속도는 일정하다는 조건이 있기 때문이야. 위치는 변하지만 속도는 변하지 않아.

유리 흐음…. 와하하하!

나 갑자기 왜 그래?

유리 이전에 오빠야가 몸이 굳은 채로 얼음 위를 주르륵 미끄러진다고 한 이야기가 떠올랐어.

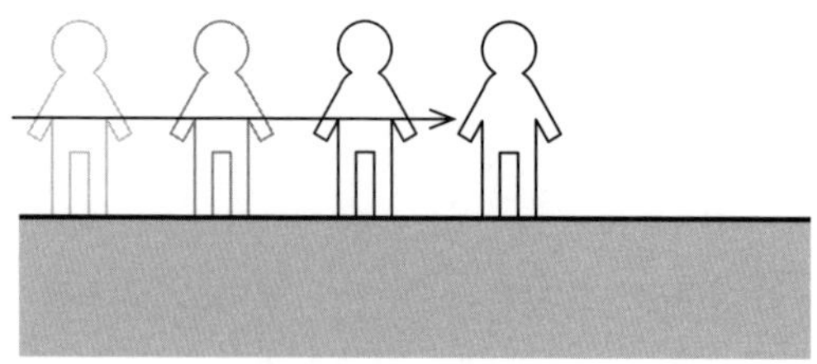

나 아, 그런 적이 있었지. 점 P의 움직임은 힘이 더해지지 않는 상태에서 얼음 위를 미끄러지는 움직임과 같아.

1-3 《위치 그래프》→《속도 그래프》

나 점 P는 속도 V로 움직이고 있어. 그 모습을 두 가지 그래프로 나타냈는데, '위치 그래프'와 '속도 그래프'의 모양이 꽤 다르지?

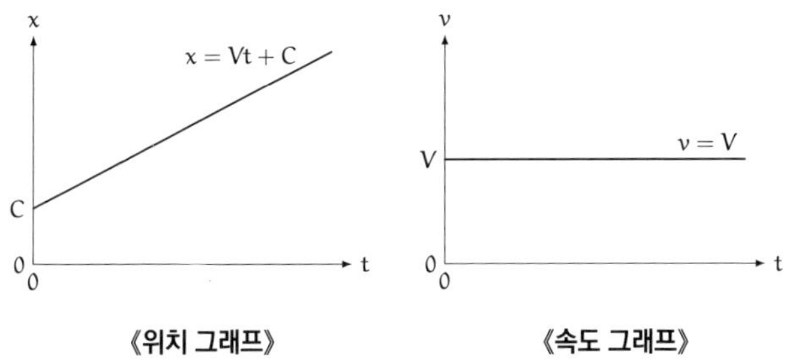

《위치 그래프》 《속도 그래프》

유리 다른 그래프니까 모양이 다른 건 당연하지!

나 분명 모양은 다르지만, 두 그래프는 전혀 관계가 없는 게 아니야. 왜냐하면 두 그래프 모두 점 P가 움직인다는 하나의 사실을 나타내고 있기 때문이지.

유리 무슨 말인지 모르겠어.

나 구체적으로 말하면,

- '위치 그래프'의 기울기는 V이다.
- '속도 그래프'의 높이는 V이다.

이 두 가지가 대응하고 있다는 의미야.

유리 으응…?

나 '위치 그래프'의 기울기가 속도와 같다는 건 이해했지?

유리 그건 알지. '위치 그래프'의 기울기가 크다는 말은 같은 시간에 더 멀리까지 갈 수 있다는 의미. 즉 속도가 크다는 거잖아.

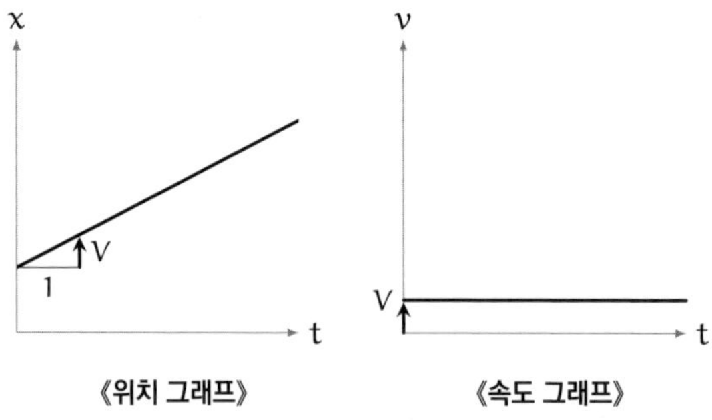

《위치 그래프》 《속도 그래프》

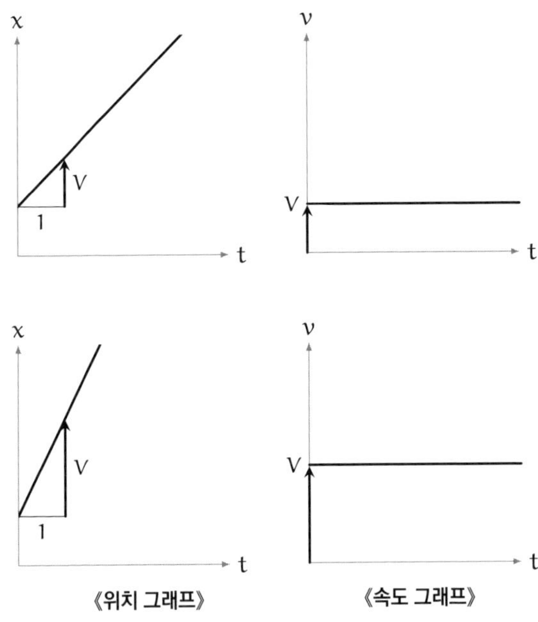

나 '위치 그래프'는 기울기가 속도 V인 직선이고, '속도 그래프'는 높이가 V인 수평선이야. 그래서 '위치 그래프'를 알면 '속도 그래프'를 그릴 수 있다고도 말할 수 있어.

《위치 그래프》→《속도 그래프》

유리 오호.

나 그렇다면 이번에는 그 반대를 한번 생각해볼까?

《위치 그래프》←《속도 그래프》

유리 반대?

1-4 《위치 그래프》←《속도 그래프》

나 '속도 그래프'가 만드는 넓이를 살펴보면 '위치 그래프'를 그릴 수 있어!

유리 그게 무슨 말이야?

나 두 그래프를 나란히 보면 알 수 있을 거야.

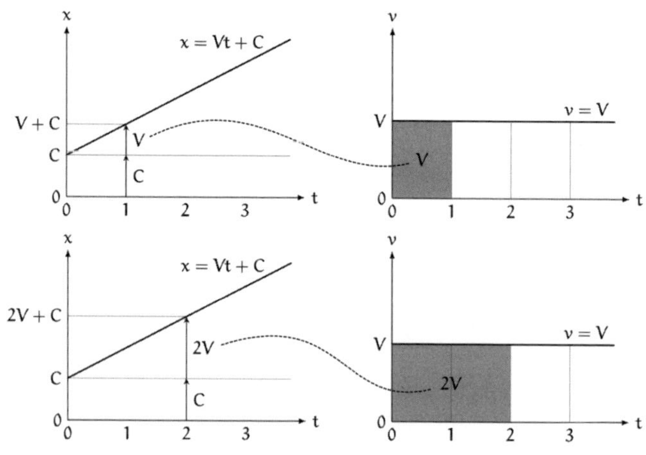

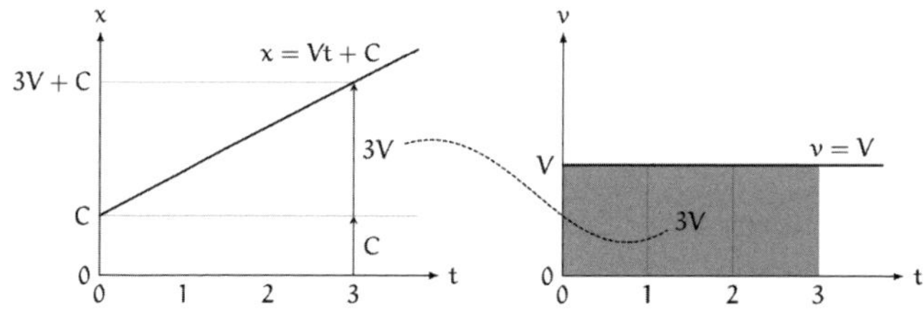

유리는 '위치 그래프'와 '속도 그래프'를 잠시 뚫어지게 바라보았다. 그녀는 진심으로 그래프를 해석하려고 하고 있다.

나 …….

유리 …아하!

나 알았어?

유리 알았어! 바로 이런 거지! 시간 t가 1, 2, 3으로 변하면 '위치 그래프'의 높이는 V, 2V, 3V니까, '속도 그래프'의 넓이는 V, 2V, 3V가 되는 거야!

나 그렇지. 시간 t까지 '속도 그래프'가 만드는 직사각형의 넓이는 Vt와 같아. 그 Vt에 t = 0에서의 위치 C를 더하면 시간 t의 위치 x와 같아지는 거야. 요약하자면,

$$x = \mathrm{V}t + \mathrm{C}$$

라고 할 수 있어. 여기에서 Vt는 '위치의 변화'이기도 하면서 '속도 그래프'가 만드는 넓이도 되는 거지.

유리 그렇구냥. 점의 움직임에 대한 이야기인데 넓이라니….

나 응, 그래서 아까,

$$속도 \times 소요\ 시간$$

을 넓이라고 말한 거야. '속도 그래프'의 넓이는 '위치의 변화'를 나타내고 있어. 시간 t의 넓이에 시간 0에서의 위치를 더하면 시간 t에서의 위치를 알 수 있지. 즉 '위치 그래프'를 그릴 수 있는 거야.

유리 흐음. '위치 그래프'는 '속도 그래프'에서의 곱셈으로 만들어진다는 의미구나. 직사각형의 넓이니까.

나 점 P의 경우는 그래. 그리고 이제부터 더 재미있어질 거야.

유리 오빠야, 눈이 반짝반짝해졌어.

나 곱셈으로 만들어진 이유는, 바로 점 P가 **일정한 속도**로 움직이고 있다는 조건이 있기 때문이야. 점 P는 시간과 관계없이 V라는 일정한 속도로 움직이고 있어. 속도가 일정하기 때문에 '속도 그래프'가 만드는 모양은 직사각형이 되지. 직사각형이라 넓이는 곱셈으로 구할 수 있고. 그런 이야기야.

유리 흐음, 그리고?

나 속도가 일정하면 이야기는 간단해. 하지만 속도가 변화하는 경우에는 어떨까? 그게 바로 다음의 문제야.

유리 오호?

1-5 변화하는 속도

나 이번에는 점 P와는 다르게 움직이는 하나의 점 Q에 대해서 생각해보자.

●●● **문제 ❹ 《위치 그래프》 그리기**

직선 위를 움직이는 점 Q의 '속도 그래프'가 아래와 같다고 한다. 이를 바탕으로 '위치 그래프'를 그려보자.

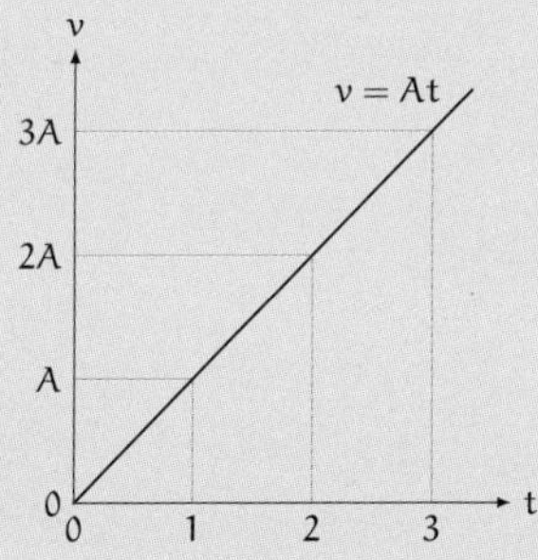

단, 시간이 0일 때, 점 Q는 위치 C에 있다고 가정한다.

유리 응? 이건 아까 점 P의 문제와 같은 거 아니야? 위치가 똑바로 변화해서….

나 아니야, 유리. 이건 '위치 그래프'가 아니라 '속도 그래프'야. 점 Q의 속도 v는 일정하지 않아. 속도 v는 시간 t에 비례하고 있어.

유리 음, 그럼…, 점 Q는 점점 빨라진다?

나 응, 그렇지.

유리 흐음….

나 아까 보았던 점 P의 두 그래프는 이거였어.

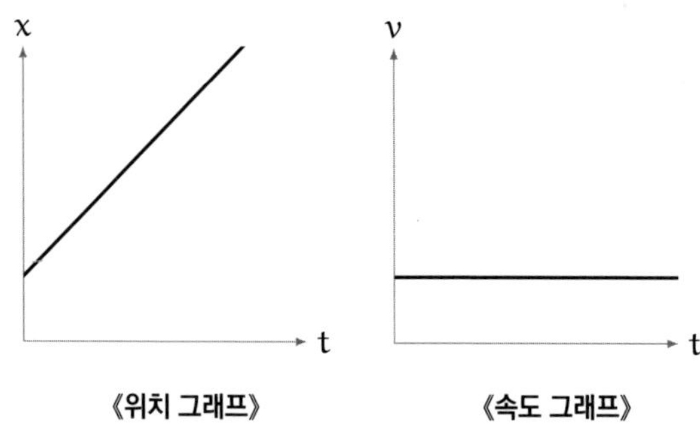

《위치 그래프》 《속도 그래프》

하지만, 점 Q의 두 그래프는 이렇게 만들어져.

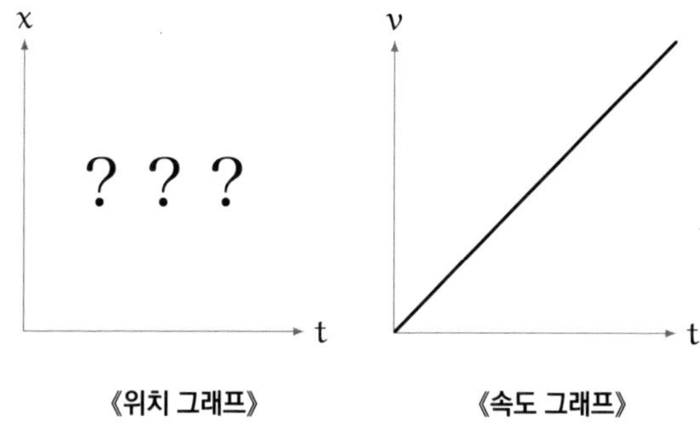

《위치 그래프》 《속도 그래프》

이때, 점 Q의 '위치 그래프'의 '???'를 생각하는 게 바로 문제 4야.

유리 속도가 이렇게 빨라지는 경우가 있어?

나 시간에 비례해 속도가 점점 커지는 경우는, 예를 들어 높은 곳에서 공을 떨어뜨릴 때의 속도가 있어.

유리 '속도 그래프'를 참고해서 '위치 그래프'를 그린다….

나 '속도 그래프'가 만드는 넓이가 '위치의 변화'를 나타낸다는 말은 결국, 이런 삼각형의 넓이를 구하면 된다는 말이야.

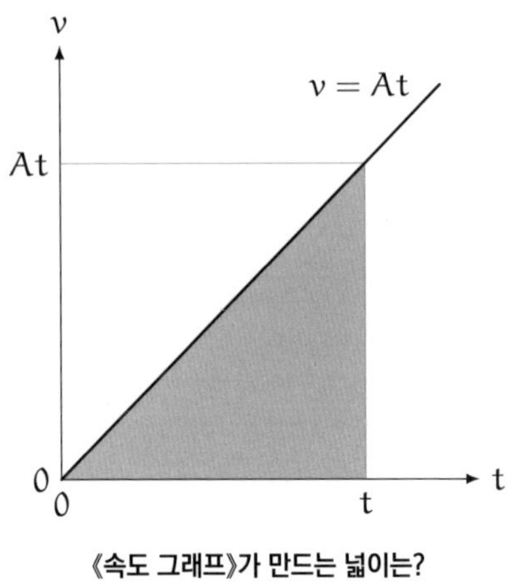

《속도 그래프》가 만드는 넓이는?

유리 …밑변이 t이고 높이가 At인 삼각형의 넓이니깐,

$$t \times At \div 2 = \frac{1}{2}At^2$$

이 되는 거야?

나 그래! 바로 그거야. 점 Q의 속도는 v = At로 나타낼 수 있으니까 삼각형의 넓이는 $\frac{1}{2}At^2$이 되는 거지. 따라서 시간 t까지, 위치는 $\frac{1}{2}At^2$만큼 나아가는 거야. 문제 4에서는 시간 0에서의 위치를 C라고 했으니까, 시간 t에서의 위치 x는

$$x = \frac{1}{2}At^2 + C$$

라는 식으로 나타낼 수 있어.

유리 …….

나 그리고 $x = \frac{1}{2}At^2 + C$의 그래프는 이렇게 그릴 수 있지. 포물선 모양이야.

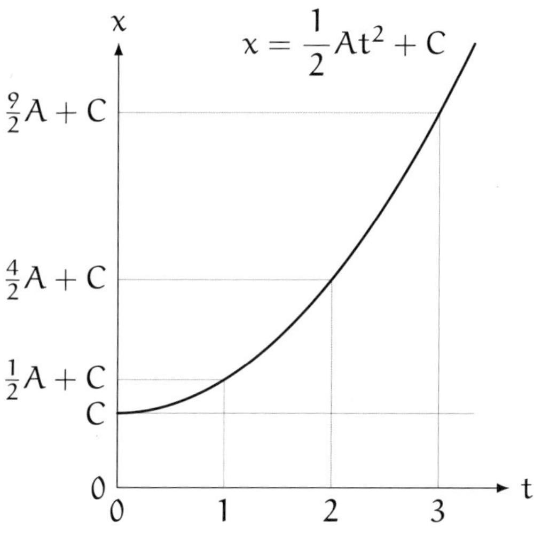

점 Q의 《위치 그래프》

●●● **해답 ❹ (위치 그래프 그리기)**

점 Q의 그래프는 아래와 같다.

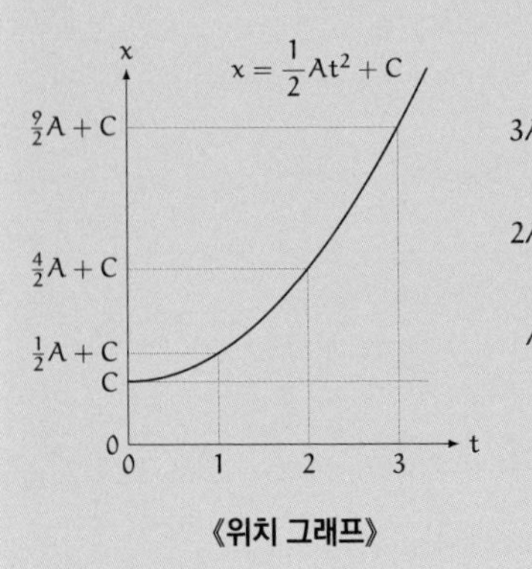

《위치 그래프》

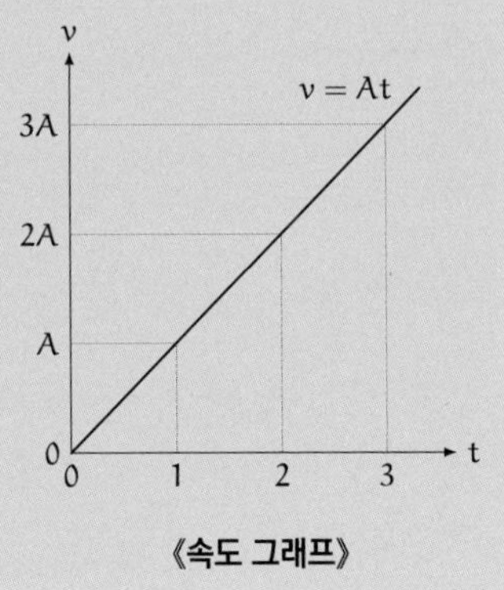

《속도 그래프》

유리 …….

나 이 '위치 그래프'를 보면 위치가 급격하게 변한다는 사실을 알 수 있어. 가속하고 있다는 말이지.

유리 잠깐, 잠깐, 잠깐! 뭔가 이상해, 오빠야.

나 어떤 게 이상하다는 거지?

1-6 변화해도 괜찮아?

유리 지금 '속도 그래프'의 넓이를 사용해서 '위치 그래프'를 그린 거지?

나 그렇지. '속도 그래프'와 가로축이 만드는 도형의 넓이는 '위치의 변화'가 되기 때문이야.

유리 왜? 어째서 '속도 그래프'가 만드는 넓이가 '위치의 변화'가 되는 거야?

나 속도×소요 시간이 '위치의 변화'와 같아진다는 이야기지.

유리 잠깐, 잠깐. 속도가 일정할 때는 이해했어! '속도 그래프'가 만드는 직사각형의 넓이 Vt가 된다. 근데 그거는 속도가 일정했을 때만 해당하는 이야기 아니야?

나 흐음.

유리 하지만 점 Q는 달라! 점 Q의 속도는 변화하잖아! 속도가 변화할 때도 '속도 그래프'의 넓이가 '위치의 변화'를 나타낸다고 말할 수 있는 거야?

나 분명 유리의 말도 일리가 있네. 점 Q의 '속도 그래프'는 삼각형을 만들어. 하지만 그 넓이가 '위치의 변화'를 나타내는지 아닌지에 대해서는 이야기하지 않았구나.

유리 그치, 그치? 속도가 변화할 때도 '속도 그래프'의 넓이가

'위치의 변화'가 되는 거야?

나 그럼, '위치의 변화'가 되지.

유리 왜? 어떻게 그렇게 말할 수 있어?

나 점의 속도가 일정한 경우는 이해했지?

유리 응. 직사각형의 넓이인걸.

나 직사각형을 계속 더해 나가면 '속도 그래프'가 만드는 도형의 넓이를 구할 수 있어. 그리고 그 넓이는 분명 '위치의 변화'가 되고.

유리 응? 직사각형과 삼각형은 다른 도형이야! 공식도 다른데, 삼각형의 넓이를 어떻게 직사각형의 넓이로 구할 수 있는 거야?

나 삼각형의 넓이는 이런 식으로 직사각형을 나열해서….

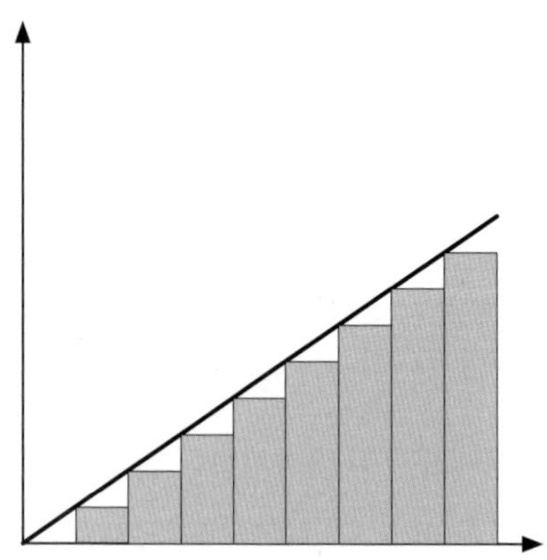

유리 그럼 완전히 빈 곳이 생겨버리잖아!

나 맞아. 이런 식으로 직사각형을 나열한 후에 또 하나의 기술이 필요해. 그러면 넓이를 구할 수 있어.

유리 기술?

나 이렇게 넓이를 구하는 방법을 적분이라고 해.

유리 적분? 이렇게 갑자기!

어머니 얘들아! 간식 먹으렴!

"변해가는지 아닌지는 계속 지켜보지 않으면 알 수 없다."

제1장의 문제

그 문제를 이전에 본 기억은 없는가?

아니면, 같은 문제를 약간 다른 형태로 본 기억은 없는가?

— 조지 폴리아(헝가리 출신의 미국 수학자)

●●● 문제 1-1 (자동차의 이동 거리)

직선 위를 달리는 자동차가 있다. 자동차는 처음 20분을 시속 60km로, 그다음 40분은 시속 36km로 달렸다. 그렇다면 이 자동차는 총 몇 km를 달렸을까?

(해답은 276쪽에)

●●● 문제 1-2 (이동 거리 그래프와 속도 그래프)

자동차가 문제 1-1과 같이 달렸을 때, '이동 거리 그래프'와 '속도 그래프'를 각각 그려보자.

(해답은 278쪽에)

●●● 문제 1-3 (수조에 물이 가득 찰 때까지)

수조에 물을 채우는 두꺼운 파이프와 얇은 파이프가 있다. 빈 수조를 가득 채우기 위해 두꺼운 파이프만 사용한 경우에는 20분, 얇은 파이프만 사용한 경우에는 80분이 걸린다. 그렇다면 두 개의 파이프를 함께 사용해 비어 있는 수조를 가득 채우려면 몇 분이 걸릴까?

(해답은 279쪽에)

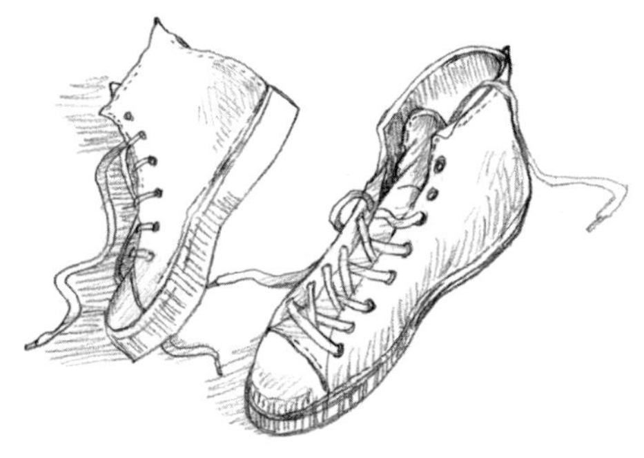

제2장

샌드위치 정리로 구하다

"A보다 크고 B보다 작은 수는 A와 B의 사이에 있다."

2-1 빈 곳이 생기다

간식을 다 먹은 나와 유리는 방으로 돌아왔다. 그리고 다시 수학 토크를 시작했다.

유리 밀푀유, 너무 맛있었어! 그런데 오빠야…, 뭘 그리고 있어?

나 아까 했던 이야기야. '직사각형으로 삼각형의 넓이를 구할 수 있을까'에 대해서.

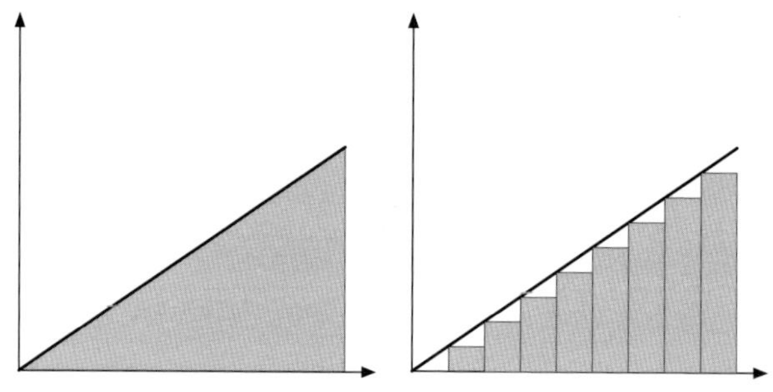

유리 빈 곳이 생기는데? 게다가 삼각형의 넓이는 밑변× 높이 ÷ 2라서 굳이 넓이를 직사각형으로 구하지 않아도 되잖아!

나 하지만 예를 들어 이런 그래프의 넓이를 구하고 싶다면 어떻게 할 거야?

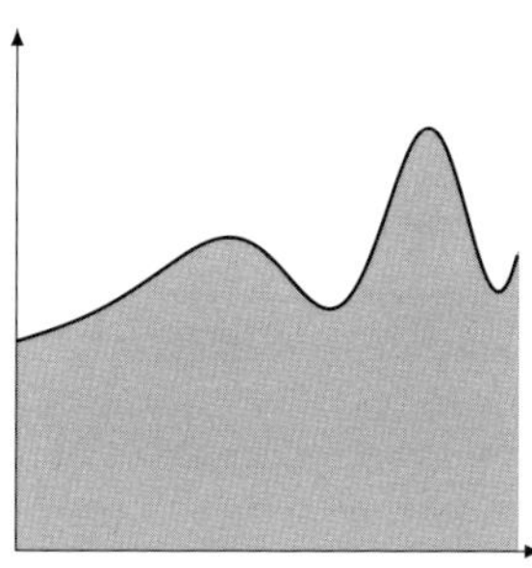

유리 음…. 하지만, 역시 빈 곳이 생겨버리는걸.

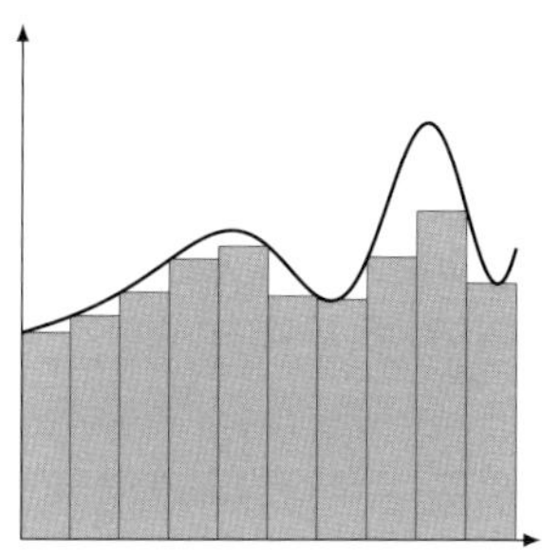

나 정확한 넓이는 구할 수 없어. 그래서 극한을 생각하는 거야.

유리 극한…. 마치 필살기 같은데?

나 그렇지. 직사각형의 너비를 잘게 나누어, 직사각형의 개수를 많이 만드는 거야. 그러면 빈 곳은 점점 작아지겠지. 이 과정을 계속 반복할 때, 모든 직사각형을 더한 넓이는 과연 어떤 값에 가까워질까, 이것이 극한을 생각한다는 의미야.

유리 오호!

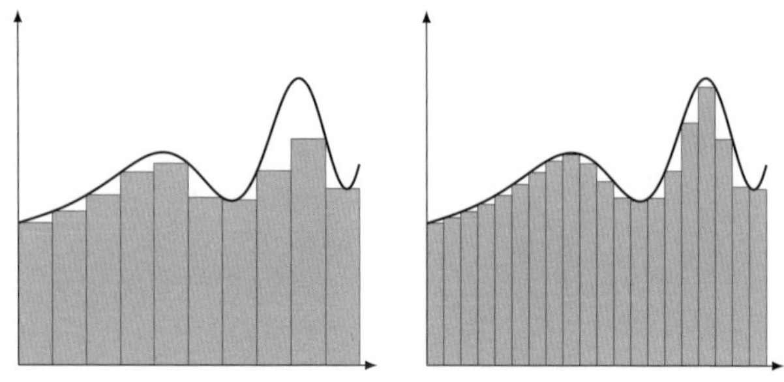

직사각형의 너비를 잘게 나누어 개수를 많이 만든다.

유리 그래도 빈 곳은 아직 남아 있지 않아?

나 그래서 '샌드위치 정리'를 사용하지.

유리 샌드위치 정리….

나 직사각형을 나열할 때, 구하고 싶은 넓이보다 작은 넓이와 큰 넓이를 준비하는 거야. 그리고 직사각형의 너비를 점점 좁혀 나가는 거지! 이게 바로 '샌드위치 정리'야.

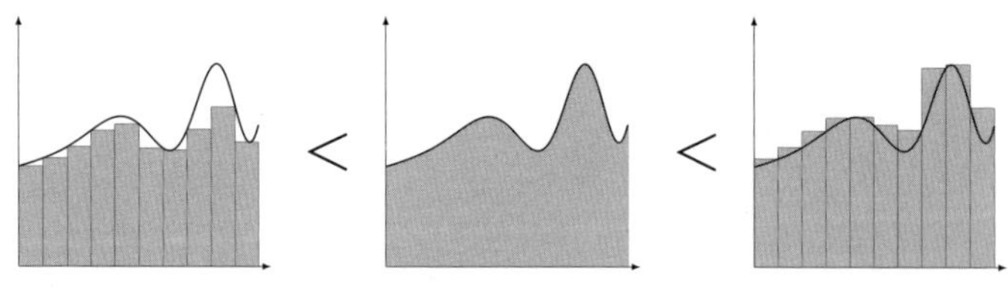

《샌드위치 정리》

유리 오빠야, 그거 3.14일 때에 했어!

나 3.14라면…, 원주율?

유리 계산을 엄청 많이 했었잖아!

나 아아, 아르키메데스가 원주율을 구할 때의 이야기구나.*

유리 그때도 '샌드위치 정리'를 했었어!

나 맞아, 그랬었지.

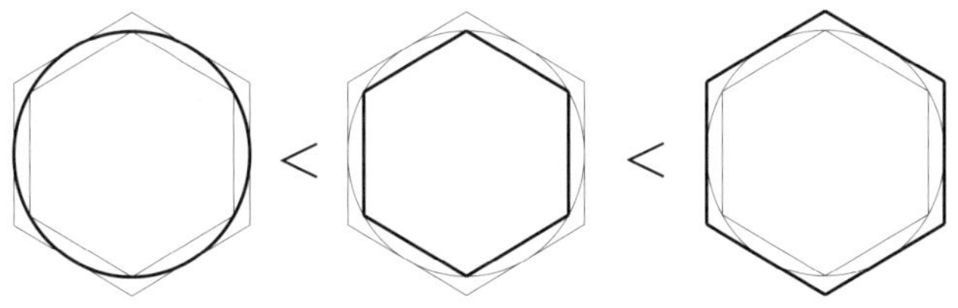

유리 원주율 3.14를 구하는 일은 너무 힘들었어. 정96각형까지 가서 흥미로웠지만 말이야.

나 흥미로운 이야기였지. 그때는 '샌드위치 정리'를 사용해 정6각형→정12각형→정24각형→정48각형→정96각형을 구하고서야 멈췄는데, 이번에 적분으로 넓이를 구할 때는 훨씬 더 멀리 나아가. 극한값을 구하기 위해서.

유리 극한값…?

나 간단한 문제로 생각해보자. 먼저 이렇게 생긴 삼각형의 넓

* 《수학 소녀의 비밀노트 – 둥근맛 삼각함수》 4장 참고.

이 S를 구하는 거야.

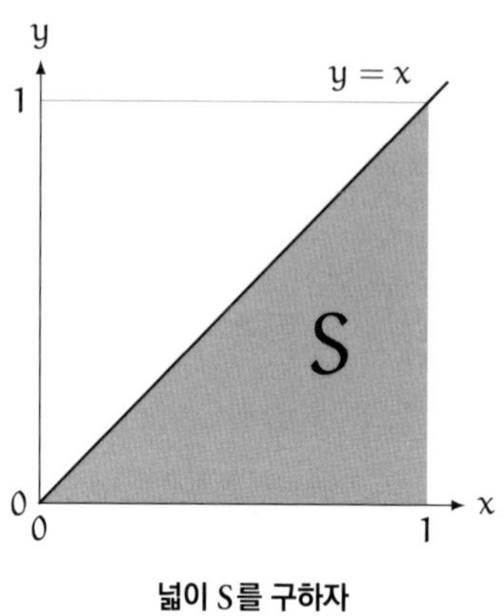

넓이 S를 구하자

유리 밑변 × 높이 ÷ 2이니까 $S = 1 \times 1 \div 2 = \frac{1}{2}$이네.

나 분명 S의 값은 그렇게 되지. 하지만 여기서 우리는 $S = \frac{1}{2}$이라는 사실을 알고 있어도, 일부러 '모르는 척'을 할 거야.

유리 모르는 척?

나 응. S의 값을 모르는 우리는 직사각형을 활용해 넓이 S를 구하려고 해. 자, 이 그림에서 네 개의 직사각형이 보이지?

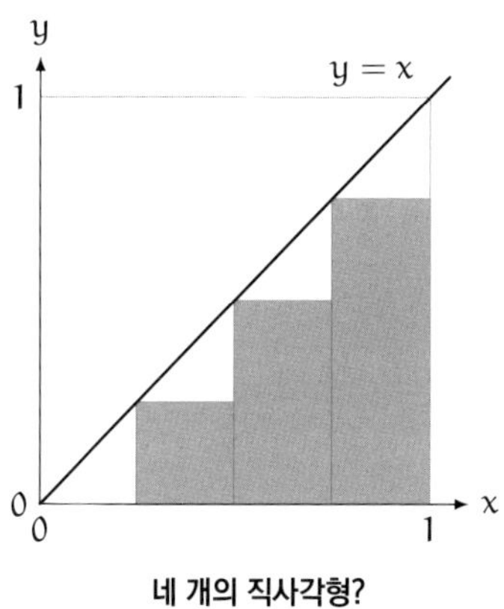

네 개의 직사각형?

유리 세 개밖에 안 보여.

나 제일 왼쪽의 직사각형은 높이가 0이기 때문에 보이지는 않지만, 이것도 하나의 직사각형이라고 생각하자. 그러면 네 개의 직사각형은 모두 너비가 $\frac{1}{4}$이라는 사실을 알 수 있어.

유리 맞아, 1을 4등분했으니까!

나 그리고 높이가 어떻게 되냐면….

유리 0과 $\frac{1}{4}$, $\frac{1}{2}$, $\frac{3}{4}$이 되겠지!

나 맞아. 하지만 패턴을 잘 볼 수 있도록, $\frac{1}{2}$은 약분하지 말고 $\frac{2}{4}$라고 하자. 즉 직사각형 네 개의 높이는 각각,

$$\frac{0}{4},\ \frac{1}{4},\ \frac{2}{4},\ \frac{3}{4}$$

이 되는 거야.

유리 분자가 0, 1, 2, 3이 되는 게 패턴이야?

나 응. 지금 우리가 보고 있는 직사각형 네 개의 넓이를 모두 더해 L_4라고 표시하자. 삼각형의 넓이보다 작다(Less than)라는 의미로 'L'을 사용해.

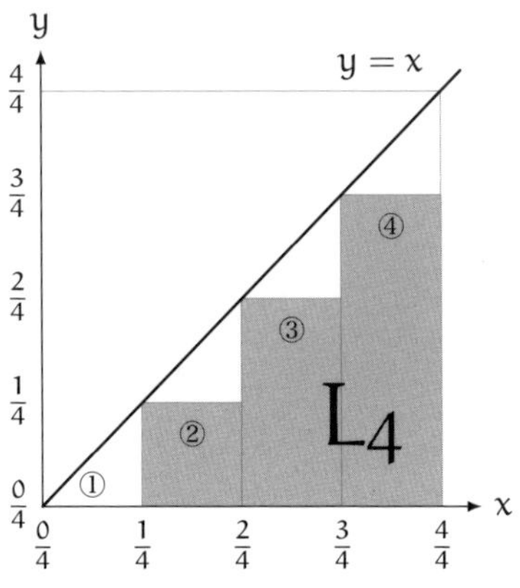

나 L_4는 이렇게 구할 수 있어.

$$L_4 = \underbrace{\frac{1}{4} \times \frac{0}{4}}_{①} + \underbrace{\frac{1}{4} \times \frac{1}{4}}_{②} + \underbrace{\frac{1}{4} \times \frac{2}{4}}_{③} + \underbrace{\frac{1}{4} \times \frac{3}{4}}_{④}$$

$$= \frac{1}{4^2}(0+1+2+3)$$

유리 계산은 내가 할게! $\frac{0+1+2+3}{16}=\frac{6}{16}=\frac{3}{8}$ 이지?

나 응, 정답이야. 그렇게 확인하는 방법도 좋아. 하지만 지금은 '계산하지 않는' 게 더 도움이 되기 때문에,

$$L_4=\frac{1}{4^2}(0+1+2+3)$$

이라는 식을 그대로 둘게.

유리 계산은 안 하는 거야?

나 여기에서는. 왜냐하면 우리가 정말로 구하고 싶은 값은 4등분했을 때의 L_4가 아니라, n등분했을 때의 L_n이니까 말이야.

유리 n등분!

나 직사각형의 개수를 많게 하고 싶을 때는 개수를 문자 n으로 나타내면 아주 편리해. '문자 도입에 따른 일반화'라고 하지. 이를 위한 준비 단계로 먼저 4등분을 하는 거야. 그러니까 L_4를 나타내는 식에서 '4가 어디에 있는지' 확실히 보이게 하는 것이 좋아. 이게 '계산하지 않는' 것이 도움이 된다는 의미야.

유리 오호! …그러면 그렇다고 미리 얘기해주지!

나 네네, 알겠습니다. 그러면 네 개의 직사각형 가운데 하나는 넓이가 0이지만, 나열한 넓이 L_4와 비교하면

$$L_4 < S$$

라는 식이 성립하는 걸 알 수 있어. 여기까지 이해했어?

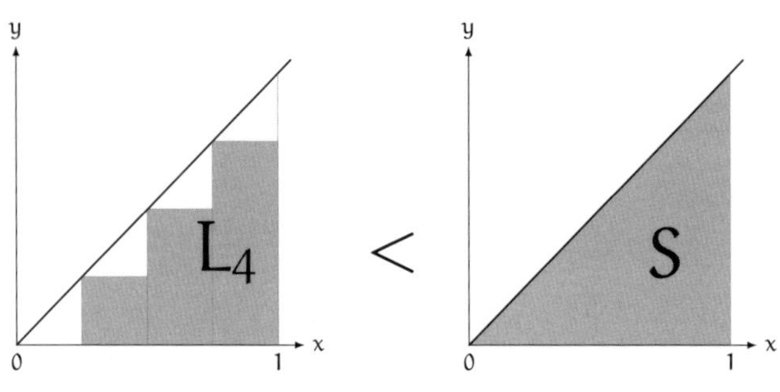

$L_4 < S$ 가 성립한다.

유리 응, 이해했어. L_4는 S보다 작아.

2-2 위에서 누르다

나 자, 그럼 이번에는 위에서 눌러보자. 다시 말해, 마치 삼각형을 덮는 모양으로 직사각형을 나열해서 넓이가 더 큰 형태를 만들려는 거야. 그래프에 그림을 그리면 이렇게 돼.

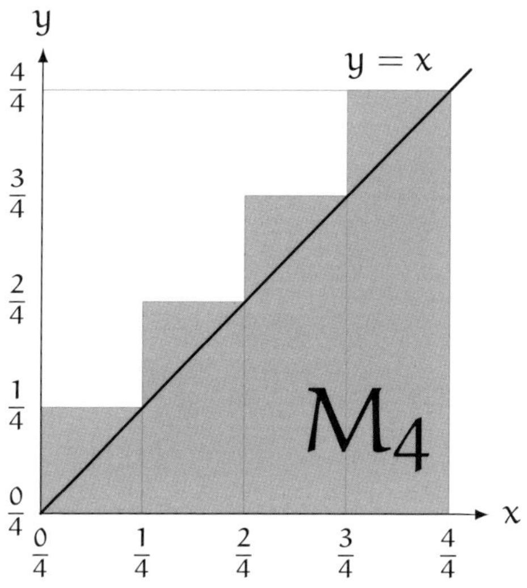

유리 작은 L_4와 큰 M_4로 '샌드위치 정리'를 한다?

나 바로 그거야. 삼각형을 덮고 있는 직사각형 네 개의 넓이를 모두 더한 값을 M_4라고 하자. 삼각형의 넓이보다 크다(More than)는 의미로 'M'을 사용해. 그러면,

$$L_4 < S < M_4$$

가 성립한다는 사실을 알 수 있지.

유리 응, 이해했어! 작은 값이 L_4, 큰 값이 M_4, 그리고 그 사이에 S가 있는 거야.

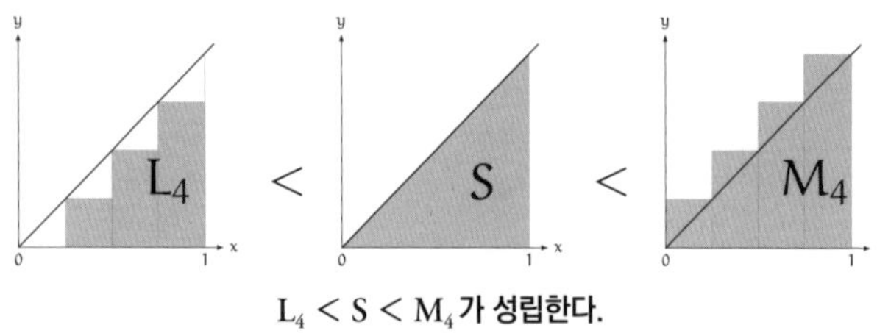

$L_4 < S < M_4$ 가 성립한다.

나 자, 이제 M_4를 구체적으로 계산해보자!

●●● 문제 ❶ (M_4 의 계산)

직사각형 네 개의 넓이의 합 M_4를 구해보자. 결과값만 계산하는 것이 아니라, 패턴을 알기 쉽도록 식을 만들어보자.

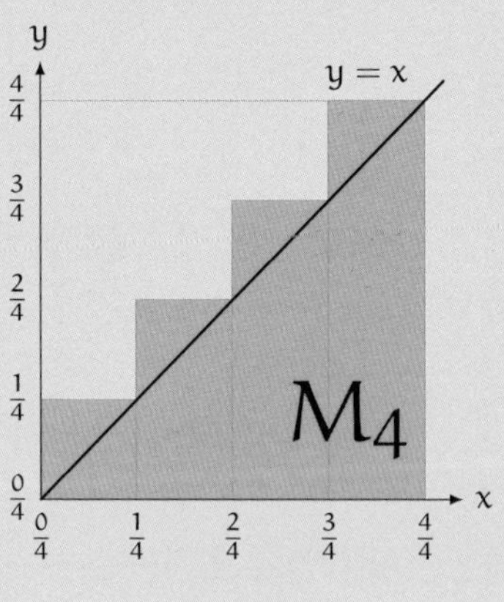

유리 간단하지!

●●● **해답 ❶ (M_4 의 계산)**

네 직사각형의 너비는 모두 $\frac{1}{4}$이다.

그리고 직사각형의 높이는 각각 $\frac{1}{4}$, $\frac{2}{4}$, $\frac{3}{4}$, $\frac{4}{4}$이다.

따라서 네 직사각형의 넓이를 모두 더한 값 M_4는

$$\begin{aligned} M_4 &= \frac{1}{4}\times\frac{1}{4}+\frac{1}{4}\times\frac{2}{4}+\frac{1}{4}\times\frac{3}{4}+\frac{1}{4}\times\frac{4}{4} \\ &= \frac{1}{4^2}(1+2+3+4) \\ &= \frac{10}{16} \\ &= \frac{5}{8} \end{aligned}$$

가 된다.

계산한 결과는

$$M_4 = \frac{5}{8}$$

이며, 패턴을 쉽게 알 수 있는 식은

$$M_4 = \frac{1}{4^2}(1+2+3+4)$$

가 된다.

나 아주 잘 했어!

$$L_4 < S < M_4$$

니까,

$$\frac{1}{4^2}(0+1+2+3) < S < \frac{1}{4^2}(1+2+3+4)$$

가 되는 거지.

2-3 일반화

나 우리는 지금 삼각형의 넓이 S를 '샌드위치 정리'를 활용해 구하려고 해. 일단 4등분했을 때 S는 L_4와 M_4로 '샌드위치 정리'를 할 수 있어. 다시 말해

$$L_4 < S < M_4$$

라는 준비가 된 거야. 그리고 지금부터 '문자 도입에 따른 일반화'를 할건데, 그 전에 식을 정리해보자.

4등분한 《직사각형의 넓이》의 합계

$$\begin{cases} L_4 = \dfrac{1}{4^2}(0+1+2+3) & \text{작은 넓이} \\ M_4 = \dfrac{1}{4^2}(1+2+3+4) & \text{큰 넓이} \end{cases}$$

유리 오빠야는 이런 정리를 엄청 잘하네. 그냥 쭉쭉 진도를 나가면 더 빠를 텐데.

나 일단 정리를 해두면 오류를 줄일 수 있기 때문이야. …그건 그렇고, 이제 4를 n으로 바꾸어보자. 그러면 '작은 넓이'의 3은 n−1로 바꿀 수 있어. 즉 n등분하면 이런 식을 만들 수 있지.

n등분했을 때, 직사각형의 넓이 (작은 넓이 L_n)

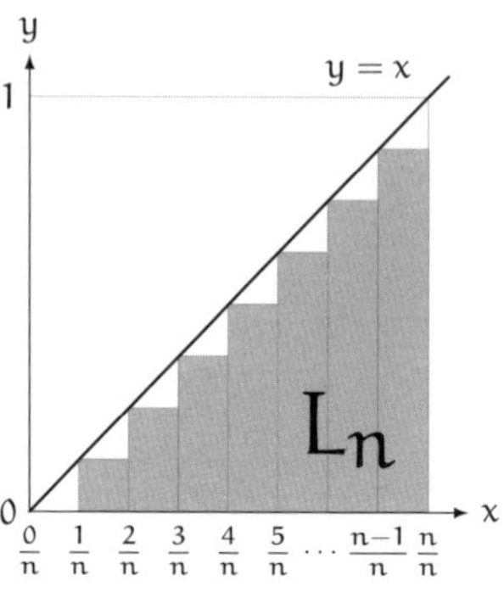

$$L_n = \frac{1}{n^2}\{0 + 1 + 2 + \cdots + (n-1)\}$$

n등분했을 때, 직사각형의 넓이 (큰 넓이M_n)

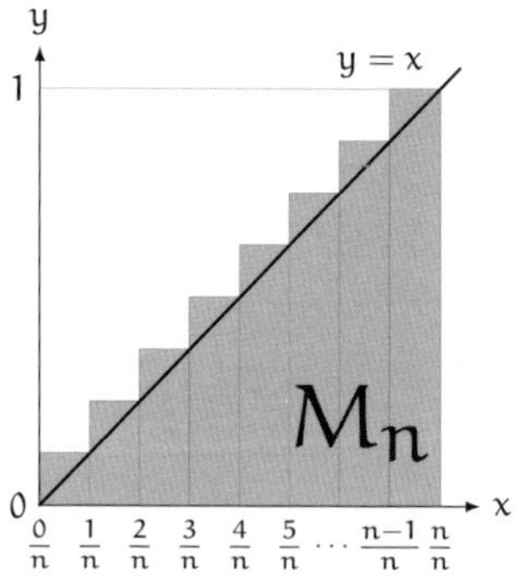

$$M_n = \frac{1}{n^2}(1 + 2 + 3 + \cdots + n)$$

유리 그렇구냥. 둘이 아주 비슷하지만 $\frac{1}{n^2}$에 어떤 것을 곱하는지가 다르네. 0부터 n-1까지 더한 식과, 1부터 n까지 더한 식.

$$\begin{cases} L_n = \frac{1}{n^2}\{0+1+2+\ \dots\ +(n-1)\} & \text{작은 넓이} \\ M_n = \frac{1}{n^2}(1+2+3+\ \cdots\ +n) & \text{큰 넓이} \end{cases}$$

2-4 합을 구하다

나 그런데 유리야, '1부터 N까지의 합'을 계산할 수 있어?

유리 N은 뭐야?

나 N은 양의 정수를 말해. N = 3이면 '1부터 3까지의 합'은 1 + 2 + 3 = 6이 되지. 이걸 일반화해서 '1부터 N까지의 합'을 N으로 나타낼 수 있는지를 물어보는 거야.

●●● 퀴즈 (1부터 N까지의 합)

$$1+2+\ \dots\ +(N-1)+N=?$$

단, N은 양의 정수이다.

유리 이건 나도 할 수 있어!

$$1 + 2 + \cdots + (N-1) + N$$

과 그 식을 거꾸로 나열한

$$N + (N-1) + \cdots + 2 + 1$$

을 더해 2로 나눈다! 음, N과 N + 1을 곱하고 2로 나누니까 $\frac{N(N+1)}{2}$ 이지?

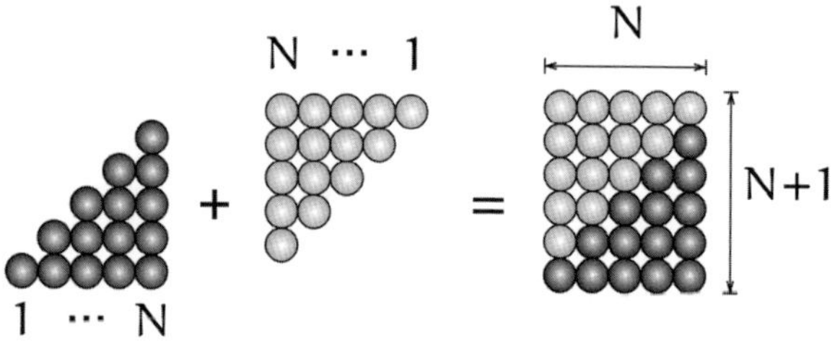

나 맞았어!

●●● 퀴즈의 답 (1부터 N까지의 합)

$$1 + 2 + \ldots + (N-1) + N = \frac{N(N+1)}{2}$$

나 이걸 활용해서 L_n과 M_n을 구할 수 있어. L_n은 0부터 n−1까지의 합이니까, 앞의 '1부터 N까지의 합'에서 N = n−1로 하면 되는 거야.

$$L_n = \frac{1}{n^2} \times \{0+1+2+\cdots+(n-1)\}$$ 식 L_n

$$= \frac{1}{n^2} \times \frac{(n-1)n}{2}$$ 1부터 N까지의 합의 공식에 N = n−1을 대입한다.

$$= \frac{n-1}{2n}$$ 약분해서 정리한다.

유리 흐음….

나 M_n은 N = n이라고 하면 돼.

$$M_n = \frac{1}{n^2} \times (1+2+3+\cdots+n)$$ 식 M_n

$$= \frac{1}{n^2} \times \frac{n(n+1)}{2}$$ 1부터 N까지의 합의 공식에 N = n을 대입한다.

$$= \frac{n+1}{2n}$$ 약분해서 정리한다.

유리 오케이!

나 자, L_n과 M_n을 n의 식으로 나타냈어. 이렇게 하고 싶어서 n으로 일반화를 한 거야. 1 이상의 어떤 정수 n에 대해서도 다음의 부등식이 성립한다는 사실을 알 수 있지.

$$L_n < S < M_n$$

$$\frac{n-1}{2n} < S < \frac{n+1}{2n}$$

유리 n이 커질수록 '샌드위치'가 점점 얇아지는 거야?

나 맞아. 그렇게 되기를 기대하고 있어. 정말 샌드위치가 얇아지는지 수식을 활용해서 확인해보자. 지금부터가 정말 재미있어. 우리는 n의 값을 크게 해서 삼각형의 넓이 S를 구하고 싶어. $S = \frac{1}{2}$이라는 사실을 알고 있지만, 일단은….

유리 …일단 모르는 척을 하는 거지.

나 응, 맞아. 지금 우리는 L_n과 M_n을 n으로 나타낸 식을 알고 있어. n의 값이 커지면 L_n과 M_n이 어떻게 되는지를 알고 싶은 거니까…, 이렇게 식을 변형할 수 있지.

$L_n = \frac{n-1}{2n}$	앞에서 도출한 결과
$= \frac{n}{2n} - \frac{1}{2n}$	분수의 뺄셈 부분을 분리한다.
$= \frac{1}{2} - \frac{1}{2n}$	약분한다.
$= \frac{1}{2}(1 - \frac{1}{n})$	$\frac{1}{2}$로 묶어 $\frac{1}{n}$을 만든다.

유리 호오?

나 이러한 식 변형의 포인트는

$$\frac{1}{n}\text{을 만든다}$$

라는 부분에 있어.

유리 $\frac{1}{n}$을 만든다?

나 맞아. n의 값이 엄청나게 커지면, $\frac{1}{n}$은 0에 매우 가까워져.

n	$\frac{1}{n}$
1	1
10	0.1
100	0.01
1000	0.001
⋮	⋮
10000000000	0.0000000001

예를 들어 n이 10000000000이라면 $\frac{1}{n}$은 0.0000000001이 돼. n이 엄청나게 커지면, $\frac{1}{n}$은 0에 점점 가까워지게 되지. 즉 n이 크면 클수록 $1-\frac{1}{n}$은 1에 아주 가까워진다는 말이야. 따라서 $L_n = \frac{1}{2}(1-\frac{1}{n})$은 $\frac{1}{2}$에 점점 가까워진다고 할 수 있어. $\frac{1}{2}$보다 아주 조금 작은 수가 되는 거지.

$$L_n = \frac{1}{2}\left(1-\frac{1}{n}\right) < \frac{1}{2}$$

유리 아, $\frac{1}{2}$은 삼각형의 넓이잖아! 정말로 가까워지는구나! 그럼 M_n도 똑같아?

나 한번 해보자.

$$
\begin{aligned}
M_n &= \frac{n+1}{2n} && \text{앞에서 도출한 결과} \\
&= \frac{n}{2n} + \frac{1}{2n} && \text{분수의 덧셈 부분을 분리한다.} \\
&= \frac{1}{2} + \frac{1}{2n} && \text{약분한다.} \\
&= \frac{1}{2}\left(1 + \boxed{\frac{1}{n}}\right) && \frac{1}{2}\text{로 묶어 }\frac{1}{n}\text{을 만든다.}
\end{aligned}
$$

유리 M_n도 똑같네! n이 엄청나게 커지면 $M_n = \frac{1}{2}(1 + \frac{1}{n})$도 $\frac{1}{2}$에 가까워진다는 거네? $\frac{1}{2}$보다 아주 조금 크지만!

$$M_n = \frac{1}{2}\left(1 + \boxed{\frac{1}{n}}\right) > \frac{1}{2}$$

나 맞아, 맞아. 등분을 한 넓이를 생각하면,

$$L_n < S < M_n$$

라는 '샌드위치 정리'의 부등식이 항상 성립하지. 그리고 n의 값이 크면 클수록 L_n은 $\frac{1}{2}$에 가까워지고, M_n도 $\frac{1}{2}$에 가까워져. 다시 말해 $S = \frac{1}{2}$이라고 말할 수 있는 거야. 이렇게 삼각형의 넓이 S가 $\frac{1}{2}$이라는 것을 알았어!

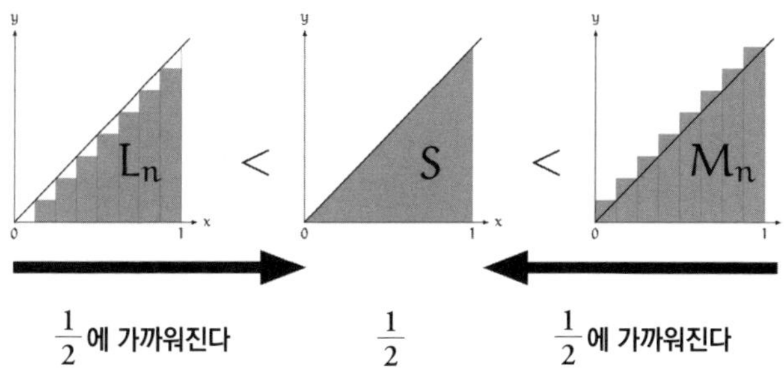

《샌드위치 정리》로 n의 값을 크게 해서 S를 구한다.

유리 잠깐만! 다우트!*

나 유리, 이건 카드 게임이 아닌데…. 어느 부분이 의심스러워?

2-5 유리의 의문

유리 오빠야. 유리의 눈은 속일 수 없답니다. n을 크게 하면 L_n은 $\frac{1}{2}$에 가까워지고 M_n도 $\frac{1}{2}$에 가까워지지만, 이건 어디까

* 다우트(doubt) 카드 게임에서 상대가 부른 숫자와 뒤집어 내놓은 카드 숫자가 다르다고 의심할 때 외치는 소리.

지나 $\frac{1}{2}$에 '가까워진다'라는 것뿐이잖아? n의 값을 아무리 크게 하더라도 $\frac{1}{2}$과 '같아진다'가 아니야. 하지만 그게 바로 핵심인 거지?

나 역시, 바로 그거야! 그게 바로 극한의 포인트지.

유리 그렇다면 빨리 설명해줘!

나 설명이라니, 뭐를?

유리 뭐냐니…. 'n을 아무리 크게 하더라도 L_n과 M_n은 $\frac{1}{2}$에 가까워질 뿐, $\frac{1}{2}$과 같아지지 않는다'를 극한으로 설명하는 거 아니야?

나 아니야. 하지 않을 거고, 할 수도 없어. 왜냐하면 그게 옳은 주장이니까. 'n을 아무리 크게 하더라도 L_n과 M_n은 $\frac{1}{2}$에 가까워질 뿐, $\frac{1}{2}$과 같아지지 않는다'는 옳은 주장이야.

유리 정말? 그런데도 S가 $\frac{1}{2}$인 거야? $S = \frac{1}{2}$이라고 말할 수 있어?

나 말할 수 있지.

유리 응? 이해를 못 하겠어. n을 아무리 크게 하더라도 단지 가까워지는 것뿐이니까 L_n과 S, M_n의 사이에 틈이 생기잖아!

나 맞아. n을 아무리 크게 해도 틈은 생겨.

유리 그게 뭐야.

나 이게 극한의 중요한 부분이니까 함께 확인해보자.

- 어떤 n에 대해서도 $L_n < S < M_n$가 성립한다.
- n을 크게 할수록 L_n은 점점 $\frac{1}{2}$에 가까워진다.
- n을 크게 할수록 M_n은 점점 $\frac{1}{2}$에 가까워진다.

이때,

$$S = \frac{1}{2}$$

이라고 말할 수 있어!

유리 응? 이해를 못 하겠어!

2-6 극한에 다가가다

나 그럼 지금부터 $S=\frac{1}{2}$이 된다는 것을 증명해볼게. S가 $\frac{1}{2}$과 '같지 않다'고 가정해보자. 그러면 모순이 발생해.

유리 S가 $\frac{1}{2}$과 같지 않다고 가정하면 모순이라고? 흐음….

나 'S가 $\frac{1}{2}$과 같지 않다'고 한번 가정해볼게. 그럼

- S는 $\frac{1}{2}$보다 크다.
- S는 $\frac{1}{2}$보다 작다.

이 둘 중에 하나가 될 거야.

유리 그거는…, 그래.

나 $S \neq \frac{1}{2}$라면 $S > \frac{1}{2}$ 또는 $S < \frac{1}{2}$가 된다는 말이지. 그럼 $S > \frac{1}{2}$라고 가정하자. 이때 S는 $\frac{1}{2}$보다 크기 때문에,

$$S = \frac{1}{2} + \epsilon \quad (\epsilon > 0)$$

라는 형태로 쓸 수 있어. ϵ(엡실론)은 양의 정수야. ϵ의 구체적인 값은 모르지만, $S > \frac{1}{2}$라는 부등식을 이렇게 $S = \frac{1}{2} + \epsilon$이라는 등식으로 쓴 거지.

유리 예를 들어 ϵ은 0.1… 이런 값을 의미하는 거야?

나 응, 예를 들면 말이지. 0.0000000000000000001일지도 몰라. 하지만 0은 아니야. ϵ은 0보다 큰 수야. 즉 양의 정수라고 생각할 수 있어.

유리 이해했어.

나 그럼 이제 무엇을 말할 수 있는지 생각해보자. n의 값을 크게 한다. 즉 나누는 개수를 늘리는 거야. 이때, $\frac{1}{n}$은 얼마든지 0에 가까워질 수 있어. 0.1보다 0에 가깝게 할 수도, 0.0000000000000000001보다 0에 가깝게 할 수도 있지.

유리 $\frac{1}{n}$은 얼마든지 0에 가까워질 수 있다!

나 맞아. 즉 n을 충분히 크게 하면

$$\frac{1}{n} < \epsilon$$

가 성립하는 n을 찾을 수 있어. n을 크게 할수록 $\frac{1}{n}$은 ϵ보다 작아진다는 말이야.

유리 그렇구나, $\frac{1}{n}$은 얼마든지 0에 가까워질 수 있으니까!

나 $\frac{1}{n} < \epsilon$가 성립할 정도로 큰 n을 선택한다고 가정하면,

$$\frac{1}{n} < \epsilon$$

가 성립하지. $\frac{1}{n}$보다 $\frac{1}{2n}$의 값이 더 작으니까,

$$\frac{1}{2n} < \epsilon$$

도 성립해. 그리고 양변에 $\frac{1}{2}$을 더하면,

$$\frac{1}{2} + \frac{1}{2n} < \frac{1}{2} + \epsilon$$

가 만들어져. 마지막으로 좌변을 $\frac{1}{2}$로 묶으면,

$$\frac{1}{2}\left(1+\frac{1}{n}\right) < \frac{1}{2}+\epsilon$$

라고 할 수 있지.

유리 그렇구나!

나 그런데 이 부등식의 좌변은 M_n이고, 우변은 삼각형의 넓이 S잖아. 즉

$$\underbrace{\frac{1}{2}\left(1+\frac{1}{n}\right)}_{M_n} < \underbrace{\frac{1}{2}+\epsilon}_{S}$$

가 성립하는 거야.

$$M_n < S$$

이니까, n을 충분히 크게 하면 M_n은 S보다 작아지니까….

유리 어라?

$$S < M_n$$

라고 하지 않았어? M_n은 언제나 S보다 클 텐데?

나 맞아. 어떤 n에 대해서도 $S < M_n$ 인데, n등분의 n을 크게 하니 어느 샌가 $M_n < S$가 되어버렸어. 이 말은

$$M_n < S \quad \text{와} \quad S < M_n$$

가 동시에 성립할 수 있는 n이 존재한다는 말이야. 이건 모순이지.

유리 음…. 왜?

나 왜냐하면 우리가 '삼각형의 넓이 S는 $\frac{1}{2}$보다 크다'고 먼저 가정했기 때문이야. 반대로 '삼각형의 넓이 S는 $\frac{1}{2}$보다 작다'고 가정해도 똑같이 모순이 발생해. 즉,

$$L_n < S \quad \text{와} \quad S < L_n$$

가 동시에 성립할 수 있는 n이 존재한다는 거야. 이건 모순이라고 할 수 있어.

유리 …….

나 S가 $\frac{1}{2}$보다 '크다'고 가정해도, '작다'고 가정해도 모순이 발생해. 이걸 다르게 말하면,

- 삼각형의 넓이 S는 $\frac{1}{2}$보다 크지 않다.
- 삼각형의 넓이 S는 $\frac{1}{2}$보다 작지 않다.

라는 사실을 증명할 수 있는 거야. 그 결과,

• 삼각형의 넓이 S는 $\frac{1}{2}$과 같다.

가 증명된 거지. 즉

$$S = \frac{1}{2}$$

이라고 할 수 있어.

유리 흐음.

나 지금 우리는 수많은 직사각형으로 '샌드위치 정리'를 해서 삼각형의 넓이를 구했어. L_n과 M_n으로 S를 '샌드위치 정리' 하고, n의 값을 크게 했지. 그 극한값이 넓이가 되는 거야. 이러한 방법을 구분구적법(區分求積法, mensuration by parts)이라고 해.

구분구적법으로 넓이 S를 구하는 과정 정리

• 넓이 S를 구하려고 한다.

• 어떤 n에 대해서도,

$$L_n < S < M_n$$

이 성립하는 L_n과 M_n을 발견했다.

- n의 값을 크게 한다면 L_n과 M_n을 얼마든지 $\frac{1}{2}$과 가깝게 할 수 있다.
- 이를 통해

$$S = \frac{1}{2}$$

이라는 값을 구할 수 있다.

2-7 《속도 그래프》의 넓이

나 여기까지 했다면, 유리의 질문에도 대답할 수 있어.

유리 내가 한 날카로운 질문이 뭐였지?

나 이런, 간식 먹기 전에 말했잖아. 속도가 변하는 경우에도 '속도 그래프'의 넓이가 '위치의 변화'가 되냐는 질문(49쪽) 말이야.

유리 아, 그거? 깜빡했다.

나 방금 했던 '샌드위치 정리'와 같아. '속도 그래프'가 L_n의 모양처럼 계단 모양이 되어 직선 위를 움직이는 점이 있다고 가정하자. 그리고 헷갈릴 수 있지만, 그 점의 이름도 L_n이라고 하는 거야. 그러면 넓이 L_n은 점 L_n이 움직일 때의 '위치의 변화'에 상응하게 되지.

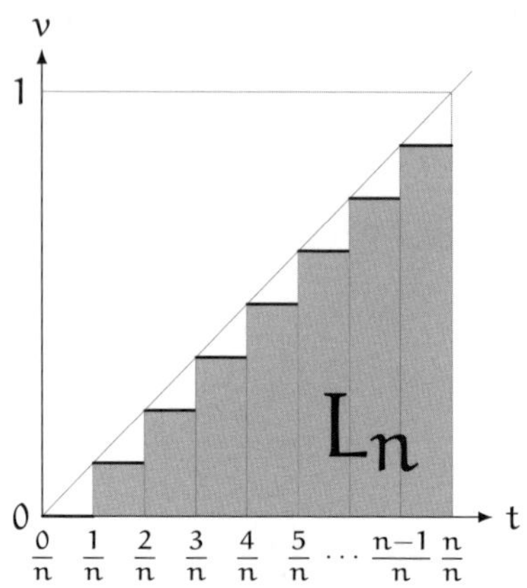

속도가 계단 모양으로 변화하는 점 L_n의 《속도 그래프》

유리 으응? 잠깐만. 점 L_n의 속도는 계단처럼 쑥쑥 커지는 거야?

나 맞아. $t = \frac{1}{n}, \frac{2}{n}, \frac{3}{n}, \cdots, \frac{n-1}{n}$로 속도가 단계적으로 변화해. 하지만 변화할 때 이외의 속도는 일정하지. 이때 '위치의 변화'는 넓이의 합계이기 때문에 L_n이 되는 거야. 직사각형을 모두 더한 것뿐이니까.

유리 아···, 그렇구나. 그래서?

나 점 L_n과 달리 속도가 시간에 비례하는 점 S를 생각하면, 점

L_n의 속도는 언제나 점 S의 속도보다 작아지게 되는 거야.

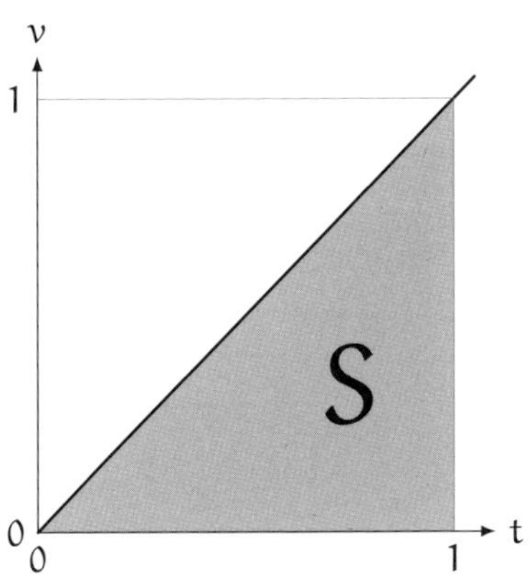

속도가 시간에 비례하는 점 S의 《속도 그래프》

유리 점 S의 '속도 그래프'가 더 위에 있으니까?

나 맞아. 그럼 이번에는 '위치의 변화'를 비교해보자. 점 S의 속도가 항상 크기 때문에 '위치의 변화'도 점 S의 값이 더 크다고 할 수 있어.

유리 빠른 것이 더 멀리까지 갈 테니까.

나 바로 그거야. 비슷한 방식으로 이번에는 점 M_n의 값을 생각하면….

유리 알았다! 그리고 '샌드위치 정리'를 하는구나!

나 그렇지. L_n과 M_n으로 S를 '샌드위치 정리'한 후, n의 값을 크게 하는 극한을 생각하는 거야. 점 S의 '위치의 변화'는 L_n과 M_n의 사이에 있어. 그리고 L_n도, M_n도, n을 크게 한 극한 값은 같아. 이런 방법으로 '샌드위치 정리'를 한 결과인 넓이 S가 점 S의 '위치의 변화'와 같아지는 거지.

유리 신기하다! 그래서 속도가 변화하는 경우에도 '속도 그래프'의 넓이가 '위치의 변화'가 된다는 말이구나.

나 그렇지! '샌드위치 정리'를 활용해서 '속도 그래프'의 넓이를 구하는 건 바로 '위치의 변화'를 구한다고 생각할 수 있는 거야. 이해 완료?

유리 이해 완료!

나 그리고 이런 식으로 넓이를 구하는 걸 적분이라고 해.

유리 이게 바로 적분이구나!

나 그렇지. 우리는 아까 '$0 \leq x \leq 1$의 범위에서 그래프 $y = x$가 만드는 넓이'를 구했지?

유리 응. $\frac{1}{2}$이었어.

나 그 말은 'x라는 함수를 $0 \leq x \leq 1$의 범위에서 적분하면 $\frac{1}{2}$이 된다'라는 의미야.

유리 넓이를 구하는 게 적분이구나!

나 넓이뿐만이 아니야. 길이와 부피도 적분을 활용해서 구할 수 있어.

유리 만능이네!

2-8 포물선으로

나 다시 하던 이야기로 돌아가서, 적분으로 삼각형의 넓이를 구하는 건 별로 도움이 안 돼. 왜냐하면 넓이를 이미 알고 있으니까.

유리 그게 뭐야, 이제 와서.

나 그러니까 이번에는 $y = x^2$ 이라는 포물선으로 만든 도형을 알아보도록 하자. 이 도형은 삼각형과 달리 바로 넓이를 알 수 없어. 일단 구분구적법으로 넓이를 구할 수 있는지 생각해보자. 즉 잘게 나누어 샌드위치 정리를 하는 거지.

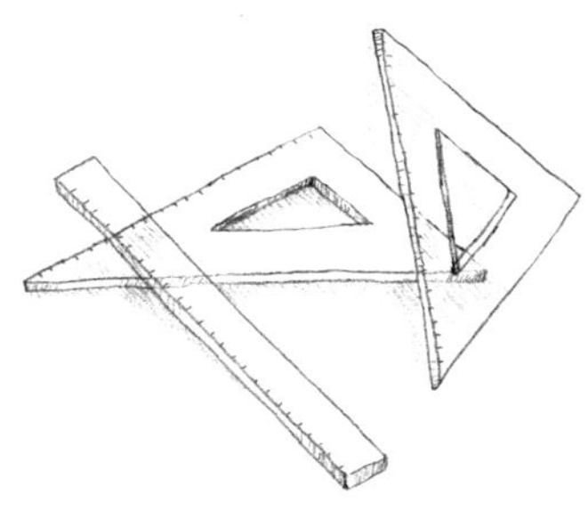

●●● **문제 ❷ (구분구적법)**

넓이 S를 구분구적법으로 구해보자.

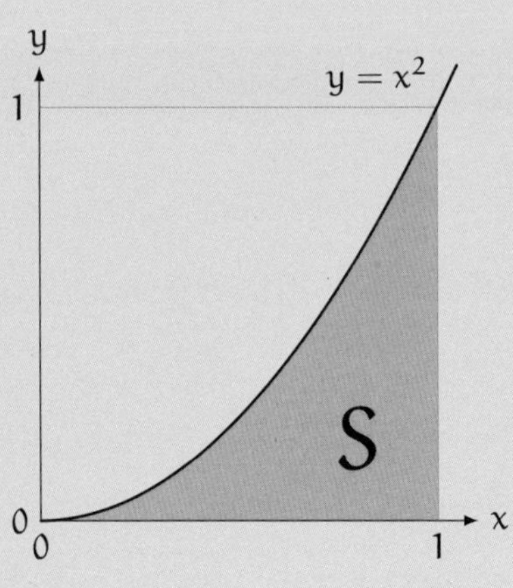

유리 오호! 이거 구할 수 있어? 0과 가까운 부분은 조금 미묘한데? 완전 휘어 있어서.

나 아마 할 수 있을 거야.

유리 알았어! 자, 내가 해볼게. 포물선을 n등분하고 n의 값을 크게 하는 거지? 음, 그러니까….

나 유리야, 잠깐만. 방금 했던 삼각형의 경우를 다시 살펴보고 주의를 기울여서 해야 해.

유리 아까랑 똑같은 거잖아?

나 다짜고짜 n등분하지 말고, 4등분부터 시작해보자.

2-9 4등분해서 L_4를 구하다

유리 그래프는 $y = x^2$이고, 4등분부터…라면, 이런 식으로?

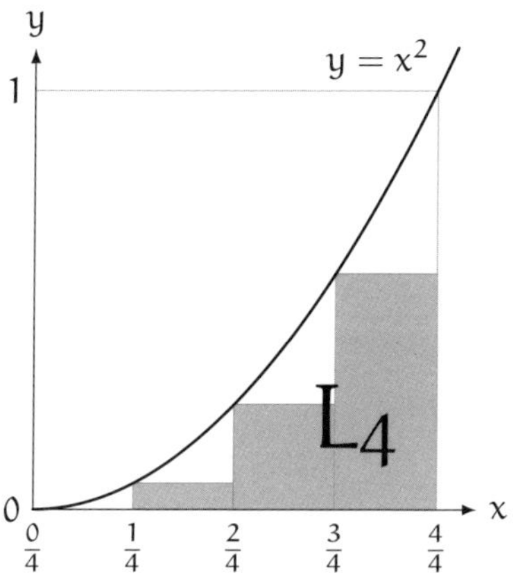

나 그렇지. 여기에는 네 개의 직사각형이 있고….

유리 아까랑 똑같으니까 나도 할 수 있어! 제일 왼쪽의 직사각형은 높이가 0이니까 보이지 않지?

나 맞아. 직사각형 네 개의 높이는 알겠어? 가장 왼쪽은 높이가 0이지.

유리 음…, 알았어. 이 그래프는 $y=x^2$으로 거듭제곱을 하면 되니깐, $\frac{0}{16}$, $\frac{1}{16}$, $\frac{4}{16}$, $\frac{9}{16}$가 맞지?

나 유리는 이미 계산을 해버렸는데, 직사각형의 높이는 이렇게 쓸 수 있어.

$$\frac{0^2}{4^2},\ \frac{1^2}{4^2},\ \frac{2^2}{4^2},\ \frac{3^2}{4^2}$$

유리 그러니까 그 값을 계산한 건데! 아, 그렇구나! '계산하지 않는다'라는 거지?

나 맞아. 어차피 나중에 n등분하니까, 그걸 염두에 두고 식을 구성하는 거야.

유리 으응.

나 방금 구한 값이 직사각형의 높이야. 자, 그럼 직사각형의 너비는 어떻게 될까?

유리 4등분 했으니까, $\frac{1}{4}$이지.

나 맞았어. 그럼 이렇게 식 L_4를 만들 수 있어.

$$\begin{aligned} L_4 &= \frac{1}{4}\times\frac{0^2}{4^2}+\frac{1}{4}\times\frac{1^2}{4^2}+\frac{1}{4}\times\frac{2^2}{4^2}+\frac{1}{4}\times\frac{3^2}{4^2} \\ &= \frac{1}{4^3}(0^2+1^2+2^2+3^2) \end{aligned}$$

2-10 4등분해서 M_4를 구하다

유리 M_4도 바로 만들 수 있어. 방금과 완전 똑같이!

나 맞아, 같은 방법이지만 L_4일 때와 높이가 다르니까, 그건 주의가 필요해!

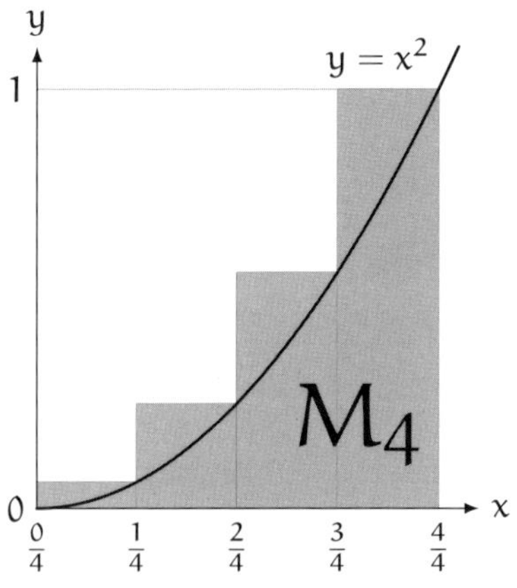

$$M_4 = \frac{1}{4} \times \frac{1^2}{4^2} + \frac{1}{4} \times \frac{2^2}{4^2} + \frac{1}{4} \times \frac{3^2}{4^2} + \frac{1}{4} \times \frac{4^2}{4^2}$$

$$= \frac{1}{4^3}(1^2 + 2^2 + 3^2 + 4^2)$$

2-11 n등분으로

나 이렇게 L_4와 M_4를 구했어. 자, 일단 정리를 해보자.

4등분했을 때, 직사각형의 넓이의 합계 ($y = x^2$)

$$\begin{cases} L_4 = \dfrac{1}{4^3}(0^2 + 1^2 + 2^2 + 3^2) & \text{작은 넓이} \\ M_4 = \dfrac{1}{4^3}(1^2 + 2^2 + 3^2 + 4^2) & \text{큰 넓이} \end{cases}$$

유리 그렇구나…. 이렇게 정리하니까 n으로 바꾸는 부분이 바로 보이네!

나 그렇지?

n등분했을 때, 직사각형의 넓이의 합계 ($y = x^2$)

$$\begin{cases} L_n = \dfrac{1}{n^3}\{0^2 + 1^2 + 2^2 + \cdots + (n-1)^2\} & \text{작은 넓이} \\ M_n = \dfrac{1}{n^3}(1^2 + 2^2 + 3^2 + \cdots + n^2) & \text{큰 넓이} \end{cases}$$

2-12 제곱의 합을 구하다

유리 이야, 다 됐다.

나 아니, 이제부터가 문제야. 방금 우리가 구한,

$$1^2 + 2^2 + \cdots + (n-1)^2$$

과

$$1^2 + 2^2 + \cdots + n^2$$

은 어떻게 구할 수 있을까?

유리 아까 구했잖아!

나 아까 구한 것은

$$1 + 2 + \cdots + (N-1) + N = \frac{N(N+1)}{2}$$

이었어(72쪽). 하지만 이번에는,

$$1^2 + 2^2 + \cdots + (N-1)^2 + N^2 = ?$$

을 구하는 거야. 제곱의 합이지.

유리 제곱의 합…. 어떻게 하는 거야?

나 구하는 방법은 여러 가지가 있는데, 예를 들어, 전개 공식

$$(N+1)^3 = N^3 + 3N^2 + 3N + 1$$

을 활용하는 방법이 있어.

유리 잠깐. 제곱의 합을 구하는데 갑자기 세제곱의 전개 공식?

나 식을 변형하는 과정이 아주 재밌어. 이 전개 공식에서 N^3을 좌변으로 이항시키면,

$$(N+1)^3 - N^3 = 3N^2 + 3N + 1$$

이라는 식이 만들어져. 우리는 딱 하나, N^2이 있는 부분에만 주목할 거야.

유리 오빠야, 엄청 즐거워 보여.

나 우리는 1, 2, 3, …, N의 제곱의 합을 구하고 싶은 거니까, 전개 공식의 N을 변화시켜보자.

$$2^3 - 1^3 = 3 \times 1^2 + 3 \times 1 + 1$$

$$3^3 - 2^3 = 3 \times 2^2 + 3 \times 2 + 1$$

$$4^3 - 3^3 = 3 \times 3^2 + 3 \times 3 + 1$$

$$\vdots$$

$$(N+1)^3 - N^3 = 3 \times N^2 + 3 \times N + 1$$

유리 흐음! 1^2, 2^2, 3^2 …, N^2을 세로로 나열한다?

나 맞아. 여기에 나열된 N개의 식을 세로로 모두 더해. 그러면 우변에는 우리가 원하는 제곱의 합만 남고, 좌변에는 많은 항들이 지워지지.

$$
\begin{aligned}
\cancel{2^3} - 1^3 &= 3\times \boxed{1^2} + 3\times 1 + 1\\
\cancel{3^3} - \cancel{2^3} &= 3\times \boxed{2^2} + 3\times 2 + 1\\
\cancel{4^3} - \cancel{3^3} &= 3\times \boxed{3^2} + 3\times 3 + 1\\
&\vdots\\
+)\quad (N+1)^3 - \cancel{N^3} &= 3\times \boxed{N^2} + 3\times N + 1\\
\hline
(N+1)^3 - 1^3 &= 3\times \boxed{\sum_{k=1}^{N} k^2} + 3\times \sum_{k=1}^{N} k + \sum_{k=1}^{N} 1
\end{aligned}
$$

유리 오호! 어라?

나 $\sum$(시그마)는 합을 나타내는 기호야.*

$$\sum_{k=1}^{N} k^2 = 1^2 + 2^2 + 3^2 + \cdots + N^2$$

$$\sum_{k=1}^{N} k = 1 + 2 + 3 + \cdots + N = \frac{N(N+1)}{2}$$

$$\sum_{k=1}^{N} 1 = 1 + 1 + 1 + \cdots + 1 = N$$

---

* 《수학 소녀의 비밀노트 – 수열의 고백》 참고.

우리가 알고 싶은 건 제곱의 합이니까 $\sum_{k=1}^{N} k^2$ 의 값이야. 그 외에는 이미 알고 있으니 $\sum_{k=1}^{N} k^2 = \cdots$ 라는 형태를 만들어 나가면 되는 거지.

$$(N+1)^3 - 1^3 = 3 \times \sum_{k=1}^{N} k^2 + 3 \times \sum_{k=1}^{N} k + N$$

$$(N+1)^3 - 1^3 = 3 \times \sum_{k=1}^{N} k^2 + 3 \times \frac{N(N+1)}{2} + N$$

$$3 \times \sum_{k=1}^{N} k^2 = (N+1)^3 - 1 - 3 \times \frac{N(N+1)}{2} - N$$

$$6 \times \sum_{k=1}^{N} k^2 = 2(N+1)^3 - 2 - 3N(N+1) - 2N$$

$$= 2(N^3 + 3N^2 + 3N + 1) - 2 - 3N^2 - 3N - 2N$$

$$= 2N^3 + 6N^2 + 6N + 2 - 2 - 3N^2 - 3N - 2N$$

$$= 2N^3 + 3N^2 + N$$

$$= N(2N^2 + 3N + 1)$$

$$= N(N+1)(2N+1)$$

$$\sum_{k=1}^{N} k^2 = \frac{N(N+1)(2N+1)}{6}$$

유리 복잡하구나….

나 하지만 드디어 우리가 원하는 제곱의 합을 얻었어!

$$1^2 + 2^2 + 3^2 + \cdots + N^2 = \frac{N(N+1)(2N+1)}{6}$$

유리 우와!

나 마침내 L_n과 M_n을 n에 관한 식으로 쓸 수 있게 되었지.

$$L_n = \frac{1}{n^3}\{0^2 + 1^2 + 2^2 + \cdots + (n-1)^2\}$$

$$= \frac{1}{n^3} \times \frac{(n-1)\{(n-1)+1\}\{2(n-1)+1\}}{6}$$

$$= \frac{(n-1)(n+0)(2n-1)}{6n^3}$$

$$= \frac{n(n-1)(2n-1)}{6n^3}$$

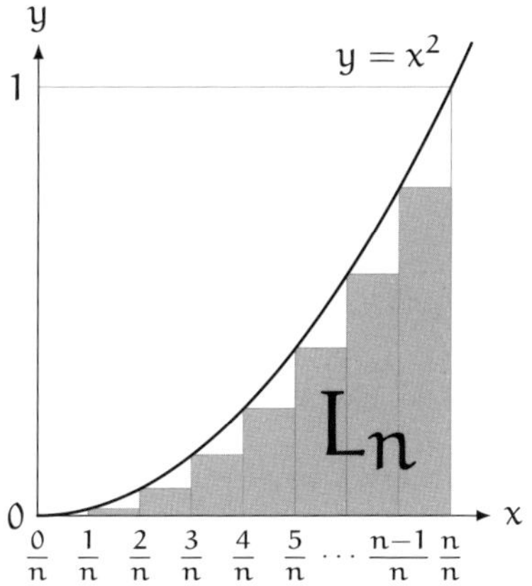

$$M_n = \frac{1}{n^3}(1^2 + 2^2 + \cdots + n^2)$$

$$= \frac{1}{n^3} \times \frac{n(n+1)(2n+1)}{6}$$

$$= \frac{n(n+1)(2n+1)}{6n^3}$$

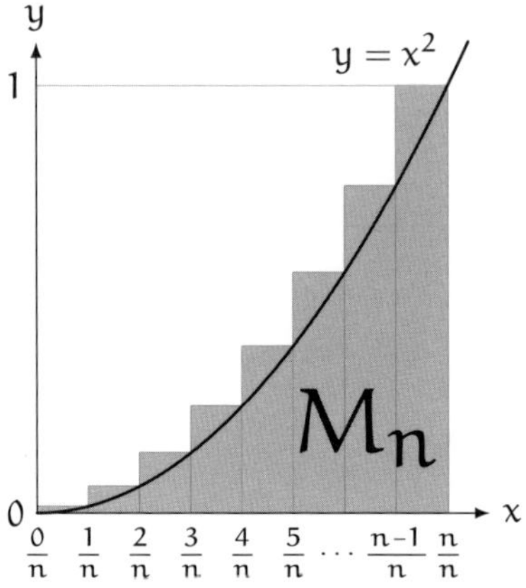

2-13 《샌드위치 정리》

유리 굉장히 복잡해졌는데 제대로 구할 수 있는 거야?

$$\begin{cases} L_n = \dfrac{n(n-1)(2n-1)}{6n^3} \\ M_n = \dfrac{n(n+1)(2n+1)}{6n^3} \end{cases}$$

나 아마 괜찮을 거야. 이제 남은 것은 '샌드위치 정리'뿐이니까. 포물선 아랫부분의 넓이를 S라고 하면 이런 식이 성립하지.

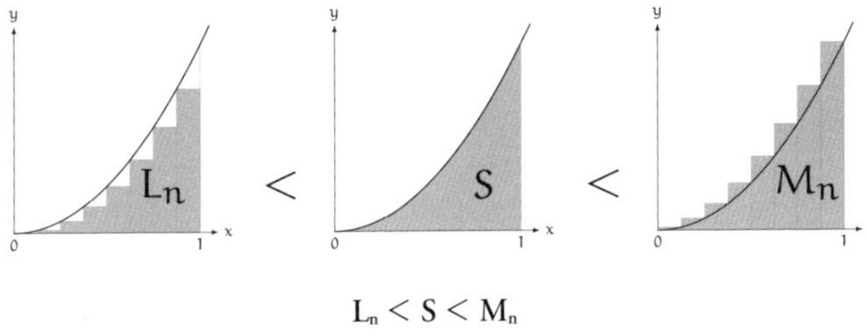

$L_n < S < M_n$

유리 이제 n의 값을 크게 하는 거지? 하지만 이렇게 복잡한 식은 n을 크게 할 때 L_n과 M_n이 어떤 값에 가까워지는지 알 수 없잖아.

나 음, 이 식만 보면 알 수 없을지도 모르겠구나. 그래서 수식을 목적에 맞게 변형해야 할 필요가 있어.

유리 수식의 변형이라면 오빠의 특기잖아! 또 다른 이름으로 수식의 마…, 마…, '수식의 마법사!'

나 그보다는 '수식의 마술사'가 아닐까?

유리 어쨌든! 수식을 변형해 보거라.

나 n을 크게 했을 때 L_n과 M_n이 어떻게 되는지 알고 싶어. 그 때 사용하는 것이

$$\frac{1}{n}\text{을 만든다}$$

라는 방법이야. n을 크게 할수록 $\frac{1}{n}$은 0에 가까워지기 때문이지.

유리 아, 아까도 했지! (75쪽)

나 맞아. 분자와 분모를 자세히 살펴보고, $\frac{1}{n}$을 만들어보자!

$$L_n = \frac{n(n-1)(2n-1)}{6n^3}$$

$$= \frac{1}{6} \times \frac{n}{n} \times \frac{n-1}{n} \times \frac{2n-1}{n}$$ 곱셈으로 분수를 나눈다.

$$= \frac{1}{6} \times \frac{n}{n} \times \left(\frac{n}{n} - \frac{1}{n}\right) \times \left(\frac{2n}{n} - \frac{1}{n}\right)$$ 분수의 뺄셈 부분을 분리한다.

$$= \frac{1}{6} \times 1 \times \left(1 - \frac{1}{n}\right) \times \left(2 - \frac{1}{n}\right)$$ $\frac{1}{n}$을 만든다.

$$= \frac{1}{6}\left(1 - \frac{1}{n}\right)\left(2 - \frac{1}{n}\right)$$

유리 그렇구나. 역시 마법사.

나 어, 이 식만으로도 이해했어?

유리 당연하지. n이 커질수록 $\frac{1}{n}$은 0에 가까워지니까, $1-\frac{1}{n}$은 1에 가까워지고 $2-\frac{1}{n}$은 2에 가까워진다…. 이런 말이잖아?

$$L_n = \frac{1}{6}\underbrace{\left(1 - \frac{1}{n}\right)}_{\to 1} \times \underbrace{\left(2 - \frac{1}{n}\right)}_{\to 2}$$

나 맞아. 그래서 L_n은 $\frac{1}{6} \times 1 \times 2 = \frac{1}{3}$에 한없이 가까워질 수 있어. n을 크게 한다면 말이지.

유리 M_n도 같은 방법으로 하는 거야?

나 물론이지. $\frac{1}{n}$을 만들어보자!

$$M_n = \frac{n(n+1)(2n+1)}{6n^3}$$

$$= \frac{1}{6} \times \frac{n}{n} \times \frac{n+1}{n} \times \frac{2n+1}{n}$$ 곱셈으로 분수를 나눈다.

$$= \frac{1}{6} \times 1 \times (1 + \frac{1}{n}) \times (2 + \frac{1}{n})$$ $\frac{1}{n}$ 을 만든다.

$$= \frac{1}{6}(1 + \frac{1}{n})(2 + \frac{1}{n})$$

유리 아, L_n 과 M_n 은 등호만 조금 다르네.

$$\begin{cases} L_n = \frac{1}{6} \times (1 - \frac{1}{n})(2 - \frac{1}{n}) \\ M_n = \frac{1}{6} \times (1 + \frac{1}{n})(2 + \frac{1}{n}) \end{cases}$$

나 n의 값이 클수록 L_n과 M_n은 모두 $\frac{1}{3}$에 한없이 가까워지는 거지. 즉 $S = \frac{1}{3}$이라고 할 수 있어.

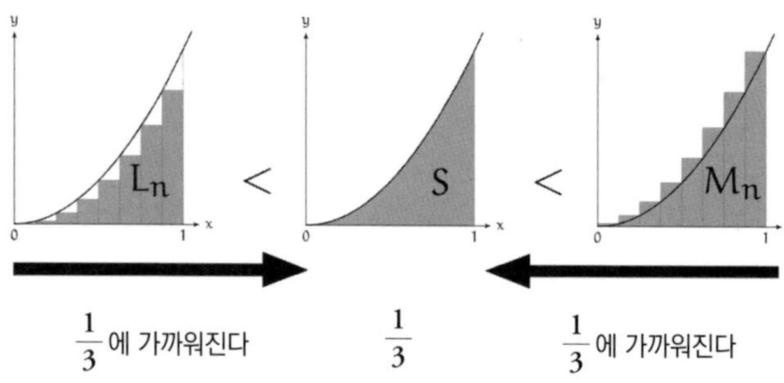

《샌드위치 정리》로 S를 구한다.

유리 …….

나 이렇게 답을 구할 수 있어.

●●● **해답 ❷ (구분구적법)**

넓이 S를 구분구적법으로 구하면,

$$S = \frac{1}{3}$$

이 된다.

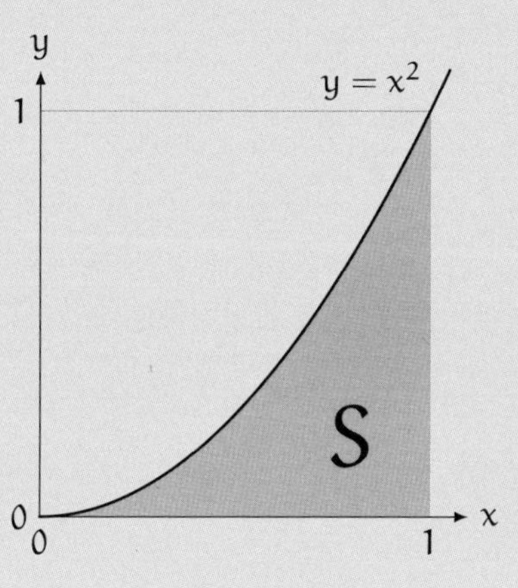

유리 …….

나 또 '다우트' 하는 거야?

유리 그런 거 아니야. 나도 발견했어!

2-14 유리의 발견

나 발견?

유리 삼각형과 포물선. 0부터 1까지의 범위에서 'x가 만든 삼각형의 넓이'는 $\frac{1}{2}$이고, 'x^2이 만든 삼각형의 넓이'는 $\frac{1}{3}$이잖아.

나 그렇지.

유리 x는 x^1이지?

나 응, 맞아.

유리 오빠가 했던 것처럼 나도 정리해보겠어! 음, $0 \leq x \leq 1$의 범위에서

- $y = x^1$이 만든 도형의 넓이는 $\frac{1}{2}$이 된다.
- $y = x^2$이 만든 도형의 넓이는 $\frac{1}{3}$이 된다.

그러니까 혹시…,

- $y = x^n$이 만든 도형의 넓이는 $\frac{1}{n+1}$이 된다.

…이렇게 되는 거 아니야?

나 유리야, 예리한데! 네 말이 맞아.

유리 역시!

나 자세하게 설명해줄게. $0 \leq x \leq 1$의 구간에서 $y = x^n$의 그래프를 생각해봐. 그 그래프가 만드는 도형의 넓이는 $\frac{1}{n+1}$이 돼. 네 말이 맞아. 아, 물론 n은 1 이상의 정수로….

유리 다우트! n은 1 이상이 아니라 0 이상의 정수 아니야?

나 $n = 0$일 때…, 오, 그렇구나! x^0을 1로 간주하면 $y = x^0$의 그래프와 x축이 만드는 넓이는 한 변이 1인 정사각형이네. 넓이가 1이니까 확실히 $\frac{1}{0+1}$과 같아!

유리 맞지?

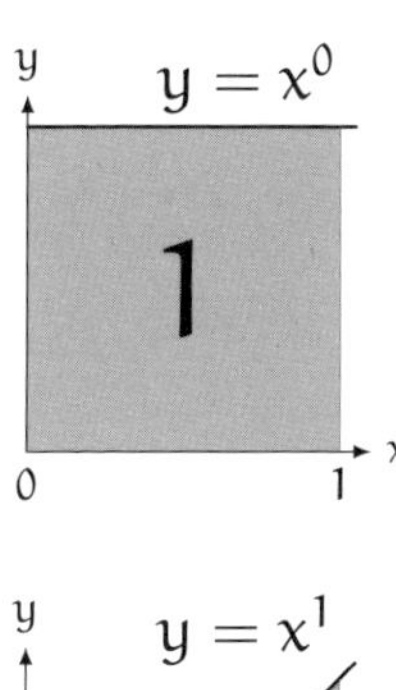

x^0일 때, 넓이는 1이 된다.

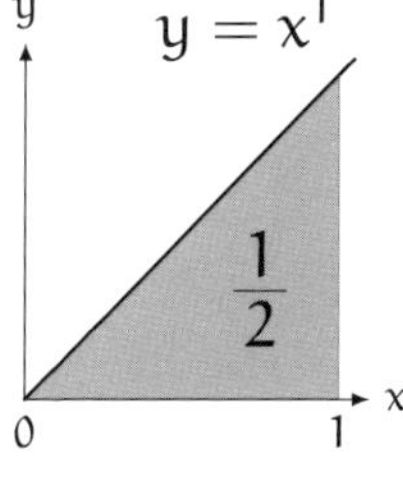

x^1일 때, 넓이는 $\frac{1}{2}$이 된다.

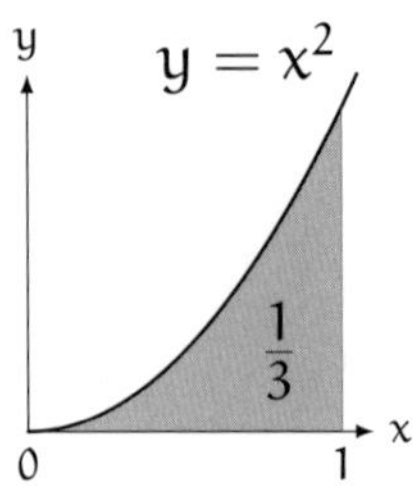

x^2일 때, 넓이는 $\frac{1}{3}$ 이 된다.

⋮

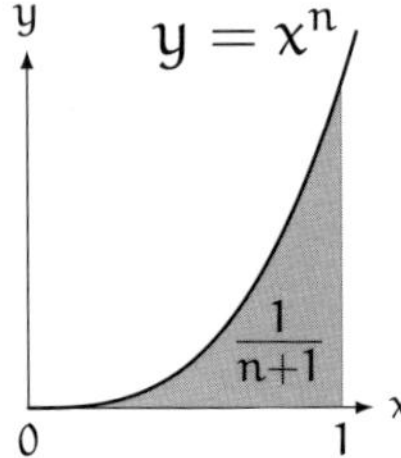

x^n일 때, 넓이는 $\frac{1}{n+1}$ 이 된다.

"조사해 알게 된 것인가, 아니면 이미 결정된 것인가."

제2장의 문제

●●● 문제 2-1 (구분구적법)

$0 \leq x \leq 1$의 범위에서 $y = x^3$의 그래프와 x축이 만드는 도형의 넓이 S를 구분구적법을 사용해 구하시오.

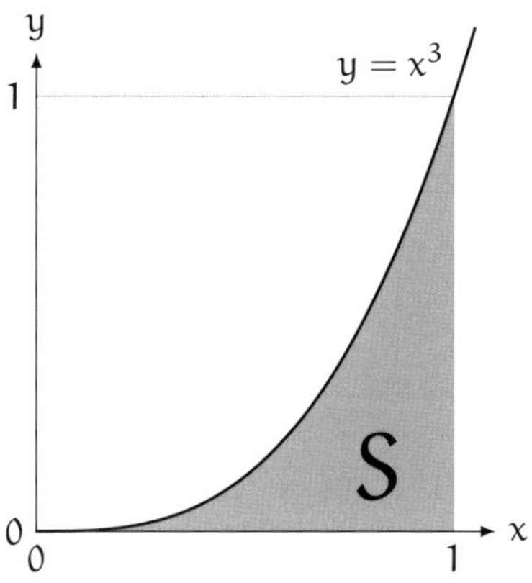

힌트 어떤 양의 정수 N에 대해서도

$$1^3 + 2^3 + \cdots + N^3 = \frac{N^2(N+1)^2}{4}$$

이 성립한다.

(해답은 282쪽에)

●●● **문제 2-2 (《샌드위치 정리》와 극한)**

두 개의 수열 $\{a_n\}$과 $\{b_n\}$은 다음과 같다.

$$a_1 = 0.9 \qquad b_1 = 1.1$$

$$a_2 = 0.99 \qquad b_2 = 1.01$$

$$a_3 = 0.999 \qquad b_3 = 1.001$$

$$\vdots \qquad \vdots$$

$$a_n = 1 - \frac{1}{10^n} \qquad b_n = 1 + \frac{1}{10^n}$$

$$\vdots \qquad \vdots$$

여기에서 어떤 실수 r은 어떤 양의 정수 에 대해서도,

$$a_n < r < b_n$$

이 성립한다고 하자. 이때,

$$r = 1$$

임을 증명하시오.

(해답은 285쪽에)

제3장

미적분학의 기본 정리

"그것은 정의인가, 아니면 정리인가."

3-1 도서관에서

이곳은 고등학교 도서관. 지금은 방과 후.

나는 테트라와 대화를 하고 있다.

구분구적법으로 도형의 넓이를 구하는 것에 대한 이야기이다.

나 …유리랑 그런 계산을 했어. 조금 까다로워도 구분구적법으로 넓이를 구하는 시간은 참 즐거웠지.

테트라 유리는 대단하네요! 무엇이든 이해할 수 있으니까요. 구분구적법이라니!

테트라는 큰 눈을 깜빡이며 말했다. 테트라는 한 학년 후배. 단발머리인 그녀는 언제나 활기가 넘친다.

나 구분구적법이란 이름은 어려워 보이지만 그렇게 어렵지는 않아.

테트라 그래도 대단해요! 앗, 그런데….

테트라는 잠시 말을 멈추었다.

그리고 고개를 갸우뚱하며 잠시 생각에 잠기는가 싶더니 곧 말을 이어 나갔다.

테트라 그런데 선배님 이야기에 $1^2+2^2+\ \cdots\ +n^2$이란 계산이 나왔잖아요. 그 합을 이용해 극한값을 구한다…. 매번 그렇게 계산을 해야 한다면 구분구적법으로 넓이를 구하는 건 어렵지 않나요?

나 뭐, 그렇게 생각할 수도 있지. 하지만 잘 생각해봐. '적분은 미분의 역연산'이니까 적분해서 그 함수가 되는 원래의 함수만 찾으면 넓이를 구할 수 있어.

테트라 적분은, 미분의, 역연산….

나 적분하고 나서 다시 미분을 하면 원래대로 되돌아가니까.

테트라 아, 이런…. 모르겠어요. 적분이란 넓이를 구하는 방법이라고 얘기했죠?

나 응, 그렇지. 넓이뿐만이 아니라 길이나 부피도 구할 수 있지만 말이야.

테트라 예를 들어 적분으로 구한 구체적인 넓이가 $\frac{1}{2}$이라고 해요. 하지만 $\frac{1}{2}$을 미분하면 0이 되지 않나요? 정수의 적분은 0이니까요. '적분은 미분의 역연산'이란 어떤 의미죠?

나 아, 확실히 $\frac{1}{2}$이라는 정수를 미분하면 0이 되고 말아. 정수를 미분하는 것이 아니라, 넓이를 나타내는 함수를 미분하는 거야. 의미를 제대로 덧붙여 설명해야 했구나. 그럼, 적분과 미분이 서로 역연산이 된다는 사실을 차례차례 설명해줄게.

테트라 네!

3-2 어떤 함수인가

나 나와 유리는 $0 \leq x \leq 1$의 범위에서 그래프 $y = x$가 만드는 도형의 넓이를 계산했어.

테트라 네, 그건 알아요. 직각이등변삼각형이잖아요.

나 구간 [0, 1]에서… 즉, $0 \leq x \leq 1$라는 범위에서 계산하면 삼각형의 넓이는 $\frac{1}{2}$이 되지.

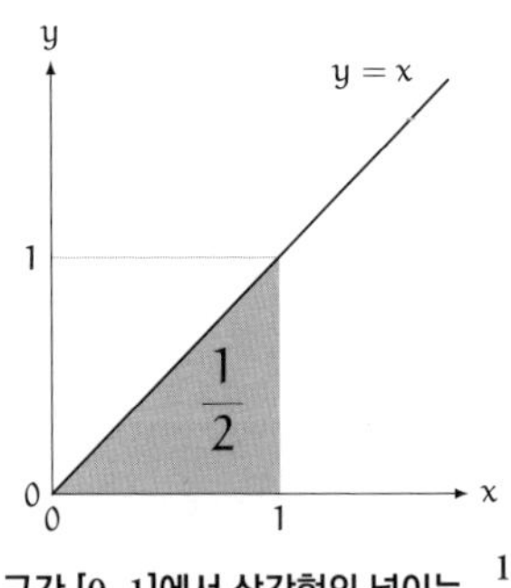

구간 [0, 1]에서 삼각형의 넓이는 $\frac{1}{2}$

테트라 네.

나 하지만 예를 들어, 오른쪽 끝을 1이라 하지 않고 a라는 문자로 표시해도 괜찮겠지? 다시 말해 구간 [0, a]에서의 넓이를 구하는 거야.

테라라 그럼 넓이는 $\frac{a^2}{2}$이 되지요.

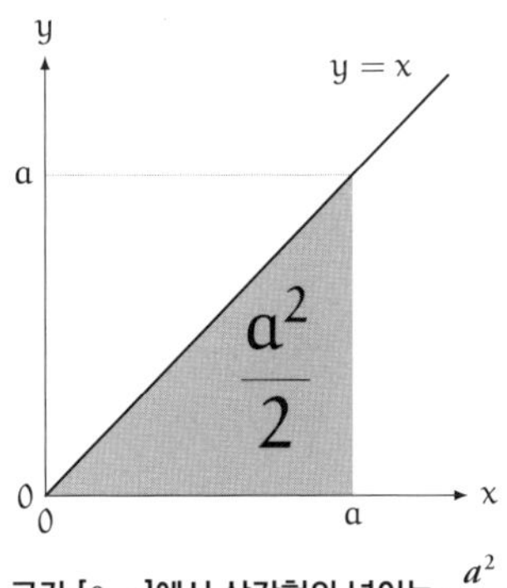

구간 [0, a]에서 삼각형의 넓이는 $\frac{a^2}{2}$

나 그렇다면 이 삼각형의 넓이는 'a의 함수'라고 말할 수 있어, 테트라.

테트라 a의 함수….

나 왜냐하면 하나의 구체적인 값 a가 정해지면, 삼각형의 넓이 하나가 결정되기 때문이야. 함수는 그런 의미잖아.

테트라 아, 네. 그렇죠. $a = 1$이면 넓이는 $\frac{a^2}{2} = \frac{1}{2}$이고, $a = 2$라면 넓이는 $\frac{a^2}{2} = 2$예요…. 근데, 선배님. 아직 어려운 이야기는 시작하지 않았죠?

나 응, 괜찮아. 아직 어려운 이야기는 하나도 나오지 않았어. 구간 [0, a]에서 그래프 $y=x$가 만드는 삼각형의 넓이는 $\frac{a^2}{2}$이 되지. a의 값을 계속 크게 하면, 넓이도 계속 커질 거야. 삼각형의 넓이를 a의 함수로서 그래프로 나타내면, 식이 $y = \frac{a^2}{2}$인 포물선으로 그려진다는 사실도 알 수 있어.

테트라 네, 이해했어요. $a = 1$이라면 $y = \frac{1}{2}$이고, $a = 2$라면 $y = 2$…라는 그래프예요.

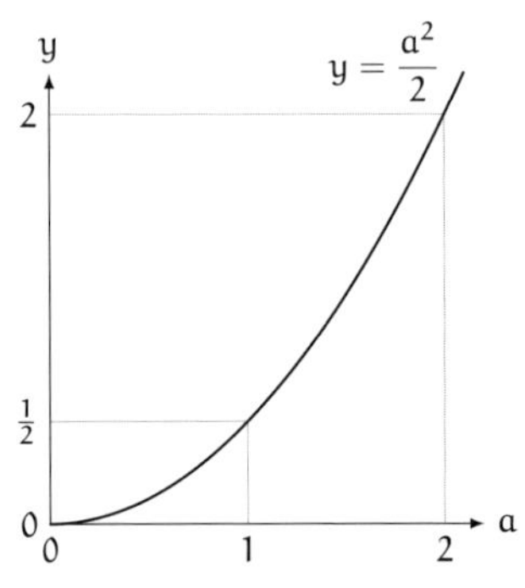

삼각형의 넓이를 나타낸 그래프

나 자, 그럼 여기에서 $\frac{a^2}{2}$이라는 a의 함수에 F라는 이름을 붙여보자. 즉 F라는 함수를,

$$F(a) = \frac{a^2}{2}$$

이라고 정의하는 거지. 아, 이대로 a를 사용해 이야기하면 좋겠지만 변화하는 양을 a라는 문자로 나타내면 어색하니까, x라는 문자로 바꾸자. 즉

$$F(x) = \frac{x^2}{2}$$

이 되는 거야.

테트라 함수에 사용하는 문자는 무엇이든 가능한가요?

나 그럼. 일반적으로 함수는 $F(x)$처럼 x라는 문자를 사용하는 경우가 많은데, 반드시 x여야만 하는 건 아니야. 예를 들어 t라는 문자를 사용해서

$$F(t) = \frac{t^2}{2}$$

이라고 해도 좋고, ♡(하트)를 사용해

$$F(\heartsuit) = \frac{\heartsuit^2}{2}$$

이어도 괜찮아. 함수 F의 형태는 무엇이든 똑같으니까.

테트라 하트 모양이라니 좋네요! ♡♡♡!!

테트라는 기쁜 듯 목소리를 높였다.

나 함수 F(x)는 구간 [0, x]에서의 넓이를 구하는 함수라고 할 수 있어. 구간이 [0, a]일 때 넓이는 F(a)가 되는 거지.

테트라 네, 이해했어요.

나 여기까지 이해했다면 '적분은 미분의 역연산'에 대해 조금 더 설명할 수 있어. 아까 테트라는 $\frac{1}{2}$이라는 정수를 미분해 버렸지만 그러면 안 돼. 넓이를 나타내는 F(x)라는 x의 함수를, x로 미분해야 하는 거야.

테트라 그 말은 $\frac{x^2}{2}$을 x로 미분한다는….

나 맞아. 함수 $\frac{x^2}{2}$을 미분하면 결과는 x라는 함수가 되는데, 흥미롭게도 이 함수는 맨 처음의 $y = x$라는 그래프를 만드는 함수와 같아.

테트라 서, 선배님! 아무래도 저 아직 이해를 못 하겠어요. $\frac{1}{2}$을 미분하지 않는다는 선배님의 말은 이해했지만, 그래도 아직 어딘가 개운하지 않아요….

나 어떤 부분이?

테트라 있잖아요. 만약 '적분은 미분의 역연산'이라고 한다면, 적분하고 다시 미분할 때 원래대로 돌아가는 것은…, 너무 당연하게 느껴져요. 그래서 선배님이 '흥미롭다'라고 해도 어디가 재미있는지 모르겠어요. 마치 어디서 웃어야 할지 알 수 없는 농담 같아요.

나 …어, 미안.

테트라 아, 아니에요! 사과하실 필요는 없어요!

테트라는 내 얼굴 앞에서 손을 절레절레 내저었다.

나 오히려 $\frac{x^2}{2}$과 같은 구체적인 식이 아니라, $\mathrm{F}(x)$처럼 일반적으로 쓰는 것이 더 이해하기 쉬울지도 몰라. 테트라, '적분은 미분의 역연산'을 두 단계로 나누면 이렇게 말할 수 있어. 소문자 $f(x)$와 대문자 $\mathrm{F}(x)$는 다른 함수라는 것을 기억해.

① 함수 $f(x)$가 만드는 도형의 넓이를 함수 $\mathrm{F}(x)$라고 부르자.

② 이 함수 $\mathrm{F}(x)$를 x로 미분하면 함수 $f(x)$로 돌아간다.

① 함수 $f(x)$가 만드는 도형의 넓이를 함수 $\mathrm{F}(x)$라고 부르자.

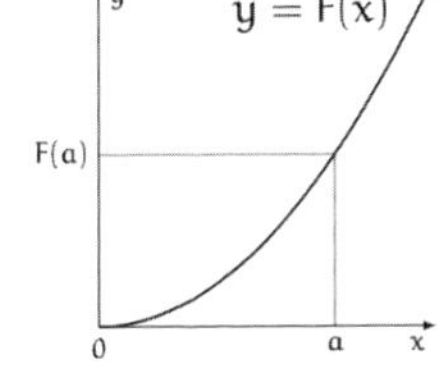

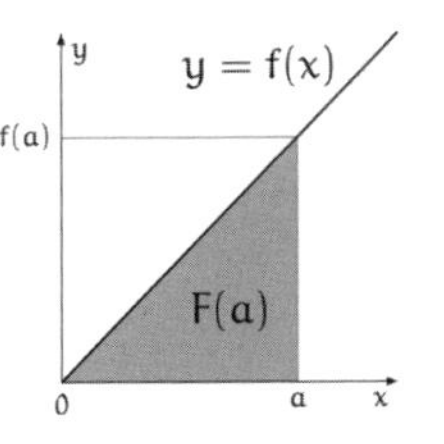

② 이 함수 F(x)를 x로 미분하면 함수 f(x)로 돌아간다.

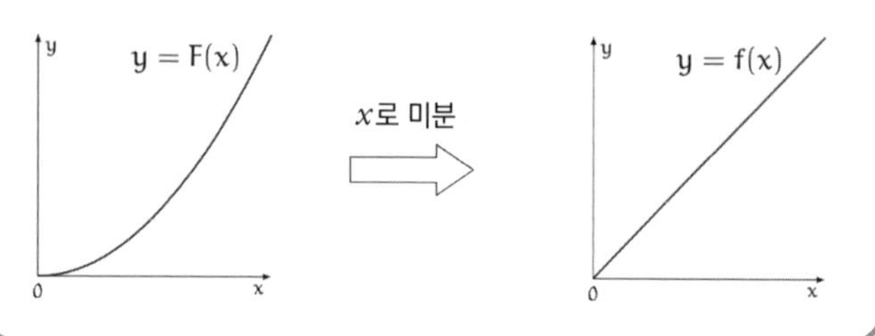

테트라는 ①과 ②를 뚫어지게 주시했다.

테트라 혹시 그 말은…, 관계가 없어 보이는 것이 사실은 역의 관계에 있다… 라는 의미인가요?

나 그렇지!

테트라 함수 f(x)가 만드는 도형의 넓이를 구분구적법으로 구해요. 그때 하나의 구체적인 도형의 넓이를 구하는 것이 아니라, 오른쪽 끝이 어떤 수가 되어도 넓이를 구할 수 있는 함수의 꼴로 만드는 거죠. 그 함수를 F(x)라고 부르는 거고요! …①은 이런 이야기인 거죠?

나 맞아, 그렇게 이해하면 돼.

테트라 넓이를 구하는 ①의 이야기는 일단 그렇다고 하고, 다음은 함수 F(x)를 미분해보죠! 그랬더니, 앗! 신기하네요. 어쩐 일인지 방금 전의 함수 $f(x)$가 나와버렸네요! …이게 ②의 이야기고요.

나 응, 그런 의미야. 바로 그 점이 재미있는 거야!

테트라 대략 알 것 같아요. '구분구적법으로 넓이를 구한다'와 '미분하다'는 관계가 전혀 없어 보여요. 그렇지만 넓이를 나타내는 함수를 미분하면 정말 신기하게도 원래의 함수로 되돌아가네요!

나 그렇지.

테트라 '구분구적법으로 넓이를 구한다'를 '적분'이라고 한다면, '적분한 후에 다시 미분하면 원래대로 되돌아간다'고 말할 수 있다는 거네요.

나 바로 그거야! 그걸 '적분은 미분의 역연산'이라고 정리했지.

테트라 그렇군요. '적분은 미분의 역연산'라는 생각에서 출발하지 말았어야 했어요.

나 무슨 말이야?

테트라 저는 '적분은 미분의 역연산'이 적분을 정의한다고 생각해버렸어요. 그래서 당연한 말이라고 생각한 거죠. 하지만 '적분'과 '미분', 두 가지가 있다는 것부터 생각해야 하는 거였어요. '적분'과 '미분'은 서로 관계가 없어 보이지만, 자세히 보면 그 둘은 역의 관계가 된다는 사실을 깨달은 거죠! '적분은 미분의 역연산'이었던 거예요! 너무 신기해요!

나 테트라, 대단해! 바로 그런 의미야!

그리고 테트라는 다시 골똘히 생각에 잠겼다.

테트라 음…. '적분은 미분의 역연산'이라는 말만 들으면 '그렇구나!' 하고 이해할 수 있어요. 왜냐하면 '뺄셈은 덧셈의 역연산'이나 '나눗셈은 곱셈의 역연산'과 똑같이 들리거든요. 그래서 이해한 것 같은 기분이에요.

나 그렇구나. 조금 전까지 테트라는 그 부분에서 혼란스러웠지.

'적분은 미분의 역연산'이라고 정의한다

인지, 아니면

'적분은 미분의 역연산'이라는 성질을 가진다

인지 말이야.

테트라 네. 하지만 아직도 '구분구적법으로 넓이를 구하는 것'이 어떻게 '미분'의 역연산이라는 성질을 갖는지 저는 아직도 이해가 가지 않아요….

나 '알 수 없는 최전선'이 다른 차원으로 이동했구나!

테트라 '구분구적법으로 넓이를 구하는 것'이 어떻게 '미분'의 역연산이 되죠…? 너무 신기해요. 앗, 혹시 이런 질문은 의미가 없나요?

나 무의미하지 않아. 이건 미적분학의 기본 정리라고 해서 증명할 수 있으니까 말이야.

테트라 증명! …증명을 하는군요.

나 응, 맞아. 나는 미적분학의 기본 정리에 대해 정밀하게 증명할 수는 없지만, 대략적인 설명은 할 수 있어.

테트라 부탁드려요!

나 이렇게 되는 거야….

미적분학의 기본 정리: '적분은 미분의 역연산'

구간 $[a, b]$에서 연속하는 t의 함수 $f(\mathrm{t})$를 생각해보자. 구간 $[a, x]$에서 그래프 $y=f(\mathrm{t})$가 그리는 도형의 넓이를 $\mathrm{F}(x)$라고 한다($a \leq x \leq b$). 이때,

$$\mathrm{F}'(x)=f(x)$$

가 성립한다.

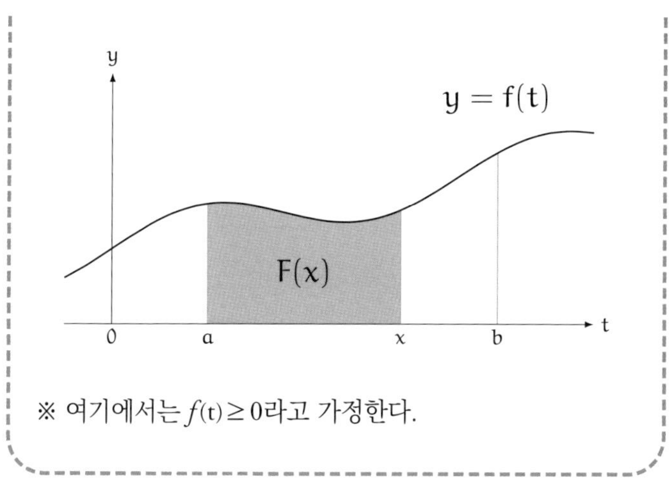

※ 여기에서는 $f(\mathrm{t}) \geq 0$라고 가정한다.

테트라 음…, 어렵네요.

나 그래프를 보면서 차근차근 생각해보면, 분명 이해할 수 있을 거야. 서두르지 않아도 괜찮으니까 함께 생각해보자.

테트라 그보다 a와 b는 뭐죠?

나 그건 단순히 일반적인 구간에서 생각한다는 것뿐이야.

테트라 a와 b에 특별한 의미는 없는 거네요.

나 응, 그렇지.

테트라 하지만…, 역시 저에게는 어려울지도 몰라요.

나 그렇지 않아. 아까 했던 이야기를 약간 일반화해서 생각한 것뿐이니까. $f(\mathrm{t}) = \mathrm{t}$라고 하고, 구간 $[0, x]$에서 그래프 $y = \mathrm{t}$

가 만드는 도형의 넓이를 $\mathrm{F}(x)$라고 한다면,

$$\mathrm{F}(x) = \frac{x^2}{2}$$

이 돼. 그런데

$$\left(\frac{x^2}{2}\right)' = x$$

니까, 확실히

$$\mathrm{F}'(x) = f(x)$$

라는 꼴이 만들어지지?

테트라 아하…, 아까 선배님이 말한 예시네요.

나 맞아. 또 다른 예로 $f(\mathrm{t}) = \mathrm{t}^2$을 생각해보자. 구간 $[0, x]$에서 그래프 $y = \mathrm{t}^2$이 만드는 넓이 $\mathrm{F}(x)$는 구분구적법으로

$$\mathrm{F}(x) = \frac{x^3}{3}$$

이 되지. 그런데

$$\left(\frac{x^3}{3}\right)' = x^2$$

이니까, 이 또한

$$F'(x) = f(x)$$

라는 꼴이 만들어져. 적분해서 구한 넓이를 함수라고 생각해서 미분하면 원래대로 되돌아가는 거지.

테트라 하지만 $f(t) = t$ 또는 $f(t) = t^2$일 때가 아니어도 그렇게 원래의 식으로 잘 돌아가나요?

나 그렇다고 할 수 있어. 원래의 식으로 잘 돌아간다는 것이 미적분학 기본 정리의 주장이야. 나는 그걸 설명해주는 것뿐이고.

테트라 아…, 그렇지요. 드디어 제 안에서 이야기들이 연결됐어요.

나 그리고 미적분학의 기본 정리에서 확인하고 싶은 것은

$F(x)$를 x로 미분하면 $f(x)$가 된다

라는 거야 . 즉

$$F'(x) = f(x)$$

라는 식이 성립하는지가 궁금해. 구분구적법으로 만든 넓이의 함수 $F(x)$에서 그 식을 유도하는 것이 목표인 거지.

테트라 하, 하지만 최초의 함수를 모르는데, 최초의 함수가 만

드는 넓이 $F(x)$나 최초의 함수를 미분한 $F'(x)$는 어떻게 구할 수 있죠?

나 구분구적법에서는 너비가 좁은 직사각형을 많이 만드는데, 그중에서 하나의 직사각형에 주목해서 확대해보자. 너비를 $h>0$로 나타낼게.

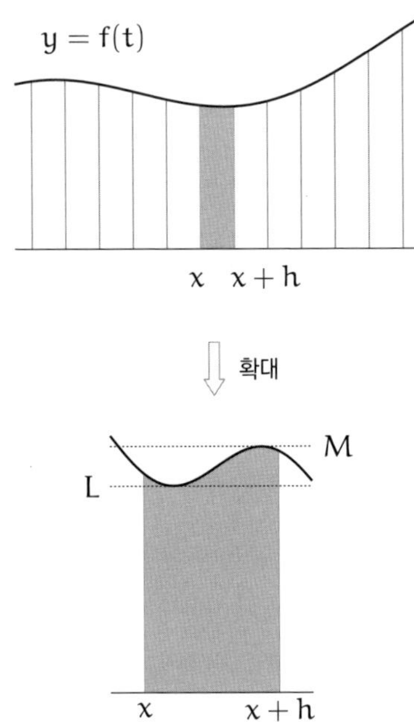

테트라 L과 M이 나왔어요.

나 구간 $[x, x+h]$에서의 함수 $f(t)$의 최솟값을 L, 최댓값을 M

이라고 해. L과 M을 이용해 넓이를 '샌드위치 정리'하기 위해서야.

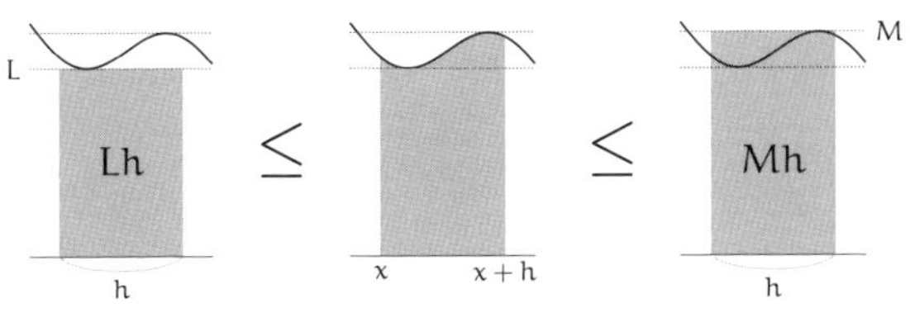

$\mathrm{Lh} \leq \mathrm{F}(x+\mathrm{h}) - \mathrm{F}(x) \leq \mathrm{Mh}$

테트라 음, 그러니까….

나 이 구간의 너비는 h이지? Lh는 높이가 작은 직사각형의 넓이고, Mh는 높이가 큰 직사각형의 넓이야. 그리고 두 개의 직사각형에 끼어 있는 형태로 $y = f(\mathrm{t})$가 만드는 도형이 있어. 그 넓이는,

$$\mathrm{F}(x + \mathrm{h}) - \mathrm{F}(x)$$

라는 뺄셈이 되는 거야. 여기까지 이해했어?

테트라 왼쪽의 Lh와 오른쪽의 Mh는 알았는데, $\mathrm{F}(x + \mathrm{h}) - \mathrm{F}(x)$는 아직 이해가 가지 않아요. $\mathrm{F}(x + \mathrm{h})$에서 $\mathrm{F}(x)$를 뺀다…. 앗, $\mathrm{F}(x + \mathrm{h})$는 어떤 의미였죠?

나 $\mathrm{F}(x)$는 구간 $[a, x]$에서의 넓이를 나타내니까 $\mathrm{F}(x + \mathrm{h})$는 구간

$[a, x+h]$에서의 넓이를 의미해. 나머지는 그림을 보면 이해할 수 있을 거야.

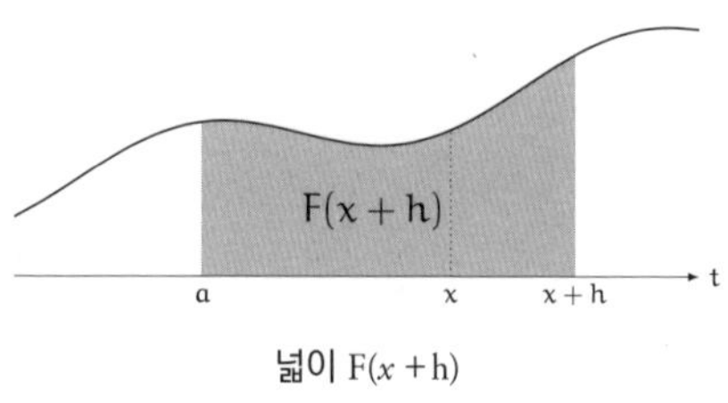

넓이 $F(x+h)$

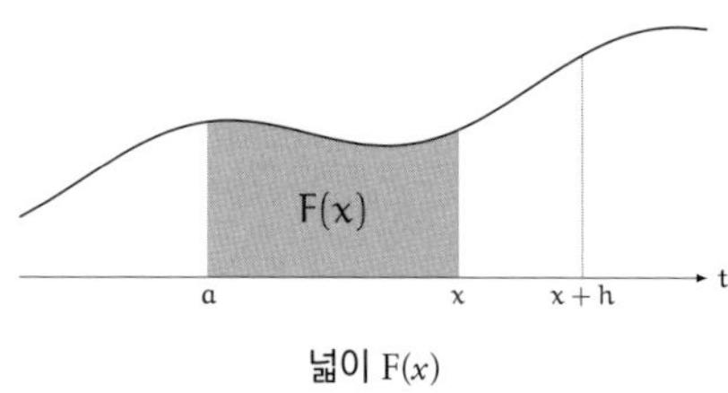

넓이 $F(x)$

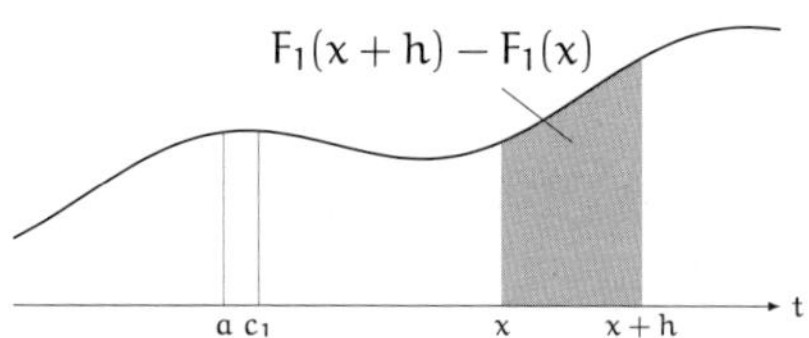

따라서 이 부분의 넓이는 $F(x+h) - F(x)$가 된다.

테트라 아! 이해했어요! 전체에서 왼쪽 부분을 뺀다는 말이군요. 그럼 $F(x+h) - F(x)$가 맞네요.

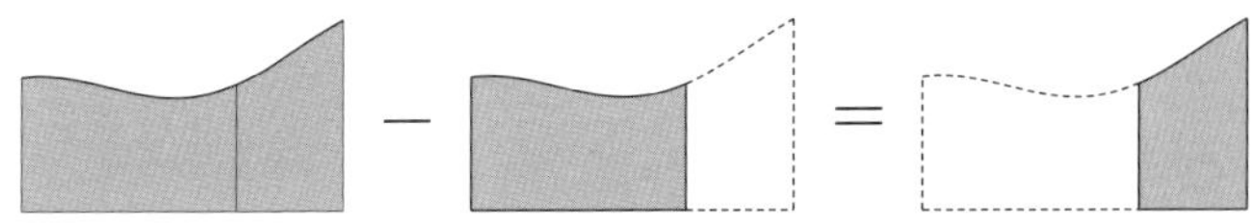

나 그렇지. 지금까지의 내용을 정리하면,

$$Lh \leq F(x+h) - F(x) \leq Mh$$

라고 할 수 있어. 이제 너비 h로 나누는 일만 남았어. $h>0$ 이니까 부등호의 방향은 변하지 않아.

$$L \leq \frac{F(x+h) - F(x)}{h} \leq M$$

테트라 아, 그러니까….

나 구분구적법에서는 직사각형의 너비 h를 좁게 한 극한을 떠올릴 수 있어. 즉 $h \to 0$을 생각하는 거야. 너비 h가 좁아질수록 최솟값 L과 최댓값 M은 모두 $F(x)$에 한없이 가까워지지. 즉,

$$h \to 0 \text{ 일 때, } L \to f(x)$$
$$h \to 0 \text{ 일 때, } M \to f(x)$$

라는 거야. 이렇게 L과 M으로 '샌드위치 정리'를 한

$\frac{F(x+h)-F(x)}{h}$ 의 극한값은 $f(x)$라는 걸 알 수 있어. 즉

$$h \to 0\text{일 때, } \frac{F(x+h)-F(x)}{h} \to f(x)$$

라고 할 수 있지. 그리고 이 식은 lim(리미트)를 사용해서,

$$\lim_{h \to 0} \frac{F(x+h)-F(x)}{h} = f(x)$$

라고 표현할 수 있는 거지. 이걸로 이야기 끝!

테트라 네?

나 왜냐하면

$$\lim_{h \to 0} \frac{F(x+h)-F(x)}{h}$$

라는 식은 $F'(x)$의 정의 그 자체라고 할 수 있기 때문이야. 그래서 $F'(x)$가 $f(x)$와 같다고 말할 수 있는 거지. 즉,

$$F'(x) = f(x)$$

인 거야. 이게 우리가 확실히 확인하고 싶었던 부분이지. 대략적이긴 하지만, 이게 바로 미적분학의 기본 정리에 대한 설명이야.

3-4 기울기와 넓이

내가 설명을 끝나자 테트라는 잠시 말을 잃었다. 손톱을 깨물며 무언가를 골똘히 생각하고 있는 것 같았다. 이윽고, 테트라가 곤란한 표정을 지으며 입을 열었다.

테트라 음, 그러니까, 설명을 다 듣고 고민을 해봤는데요. 저는 아직 적분에 대해 이해하지 못한 것 같아요.

나 그래?

테트라 네. '적분은 미분의 역연산'이라는 말을 듣고 이해한 듯한 기분이 들었고, $F'(x) = f(x)$를 나타내기 위해서 $F(x)$를 미분한 값이 $f(x)$와 같다고 하면 된다는 것도 이해했어요. 하지만 선배님이 말한

$$\lim_{h \to 0} \frac{F(x+h) - F(x)}{h}$$

라는 식과 연관시키기에는 아직….

나 그렇구나. 그 식은 $h \to 0$일 때,

$$\frac{F(x+h) - F(x)}{h}$$

의 극한값을 나타내고, 그게 $F'(x)$라는 말이야. 이게 바로

$F'(x)$의 정의니까.

테라라 $\frac{x^2}{2}$을 미분하면 x가 된다…. 이건 기억할 수 있는데, 미분에서 lim가 나오니까 '갑자기 왜?'라는 생각이 들어요.

나 그렇구나. 테트라는 특정 함수를 미분하는 공식은 알고 있지만 '함수를 미분한다'는 것 자체는 아직 이해하지 못하고 있는 것 같아. $F'(x)$의 정의에서는 극한이 등장하니까 어려운 건 당연하고.

테트라 아, 하지만 $y = F(x)$를 미분하면 그래프의 접선의 기울기를 구할 수 있다는 건 알아요!

나 방금 정의한 식이 바로 그거야. '접선의 기울기'.

테트라 네?

나 이 그림을 보면서 생각하면 이해할 수 있을 거야. $y = F(x)$의 그래프 위에 있는 $\{x, F(x)\}$인 점 P와 $\{x+h, F(x+h)\}$인 점 Q, 두 개의 점을 그려보자.

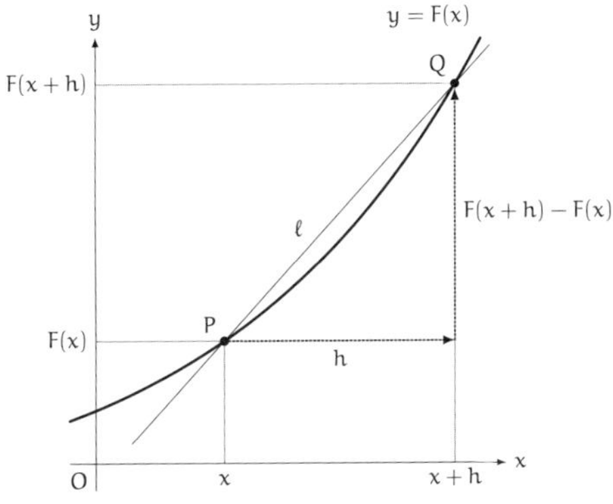

두 점을 연결한 《직선 ℓ의 기울기》를 생각하다.

테트라 네.

나 그러면 두 점을 연결한 '직선 ℓ의 기울기'는

$$\frac{F(x+h) - F(x)}{h}$$

가 되지. 오른쪽으로 h만큼 이동하면, 위로 $F(x+h) - F(x)$ 만큼 이동하니까.

테트라 위로 $F(x+h) - F(x)$만큼 이동한다. …아, 그건 그렇네요. $\frac{F(x+h) - F(x)}{h}$는 확실히 '직선 ℓ의 기울기'예요.

나 그리고 h를 0에 가깝게 해서 기울기의 극한을 생각하려고 해. 즉

$$h \to 0일\ 때,\ \frac{F(x+h)-F(x)}{h}$$

의 극한값을 알고 싶은데,

$$\lim_{h \to 0} \frac{F(x+h)-F(x)}{h}$$

라는 식이 그 극한값을 나타내고 있는 거지. 즉 P와 Q를 연결한 '직선 ℓ의 기울기'는 $h \to 0$일 때의 '접선의 기울기'가 되는 거야.

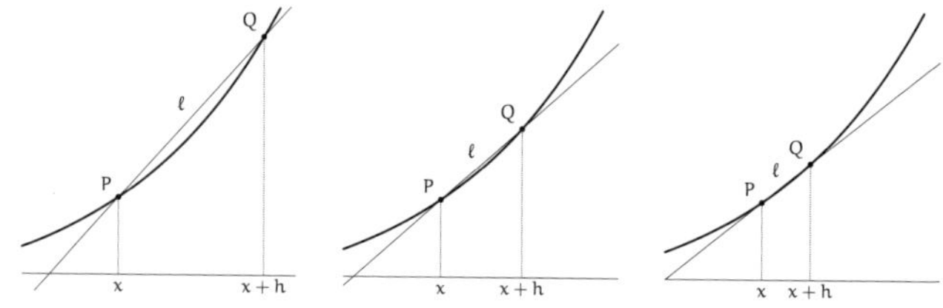

《직선 ℓ 의 기울기》는 h→0 일 때의《접선의 기울기》가 된다.

테트라 아아! 알겠어요! $\frac{F(x+h)-F(x)}{h}$ 의 극한값은 확실히 $F'(x)$가 되는군요!

나 그렇지.

테트라 아하…. 선배님이 말한 '너비 h로 나눈다'라는 의미도 이해했어요(131쪽). 기울기를 나타내는 식의 꼴을 만들려고 했던 거네요! $F'(x)$의 정의로 가져가기 위해서!

나 바로 그거야.

테트라 저는 식을 '볼' 수는 있어도, 잘 '읽지는' 못하는 것 같아요….

나 아냐, 테트라는 이해가 아주 빠른 편이야.

테트라 잠깐만요. '적분은 미분의 역연산'이라는 이야기부터 생각하면 너무 신기하지 않나요? '넓이'와 '접선의 기울기'가 반대라니!

나 그렇지. 아주 신기한 이야기야.

테트라 '넓이'와 '접선의 기울기'는 관계가 없지 않나요?

나 응, 그 부분이 꽤 흥미로워. 직관적으로 말하면, '접선의 기울기'는 그 함수가 얼마나 변화하면서 증가하려고 하는지를 의미해. '접선의 기울기'가 0이라면 함수는 전혀 증가하지 않지. '접선의 기울기'가 양수라면 함수는 증가하고, 반대로 음수라면 함수는 감소한다는 의미고…. 이런 말은 애써 설명한 수식에 대한 엄밀한 이야기를 애매모호하게 만들어버리지만.

테트라 아니요, 알 것 같아요.

나 그리고 $F(x)$는 넓이를 의미하니까, $y = F(x)$의 '접선의 기울기'는 넓이가 얼마나 변화하면서 증가하는지를 나타내는 거야.

테트라 네, 그렇지요!

나 '접선의 기울기'를 넓이의 '순간 변화율'이라고 간주하면, '넓이를 구하는 것'과 '접선의 기울기를 구하는 것'이 반대라는 주장을 확실하게 이해할지도 몰라.

테트라 아하, 그렇군요….

테트라는 지금까지의 이야기를 노트에 정리하기 시작했다.

그리고…, 그때.

미르카 오늘은 어떤 문제를 얘기하고 있어?

미르카가 등장했다.

검은 생머리에 금테 안경.

미르카는 나와 같은 반이고 수학이 특기인 친구이다.

나 지금은 특별히 어떤 문제를 풀고 있진 않아.

테트라 잠깐만요!

테트라는 노트에 파묻은 얼굴을 들더니 내 말을 가로막았다.

테트라 미르카 선배님에게는…, 제가 설명해볼게요.

그리고 테트라가 설명하기 시작했다.

① 먼저 함수 $f(\mathrm{t})$가 주어졌다고 가정합니다. 그리고 그래프 $y=f(\mathrm{t})$가 구간 $[a, x]$에서 만드는 넓이를 $\mathrm{F}(x)$라고 쓰기로 합시다.

$\mathrm{F}(x)$ 구간 $[a, x]$에서 함수 $f(\mathrm{t})$가 만드는 넓이

② 그다음, 넓이를 x의 함수라 생각하고 미분합니다. $\mathrm{F}(x)$의 미분은 $\mathrm{F}'(x)$라고 표시합니다.

$\mathrm{F}'(x)$ 함수 $\mathrm{F}(x)$를 x로 미분한 함수

③ 그러면 $\mathrm{F}'(x)$는 함수 $f(x)$와 같아진다는 거지요. 대단하죠!

$\mathrm{F}'(x)=f(x)$ 함수 $\mathrm{F}'(x)$는 함수 $f(x)$와 같다.

미르카는 테트라의 설명에 가만히 귀를 기울이고 있었다.

미르카 미적분학의 기본 정리구나.

나 맞아. 그 설명을 하고 있었어.

3-5 인테그랄과 정적분

미르카 적분 기호 $\int$(인테그랄)을 사용하면 구간을 명시할 수 있어. 바로 정적분이야.

정적분

구간 $[a, b]$에서 연속하는 x의 함수 $f(x)$ 가 있다.

구간 $[a, b]$에서 $y = f(x)$가 만드는 도형의 넓이를

$$\int_a^b f(x)\mathrm{d}x$$

라고 쓰며, 이를 구간 $[a, b]$에 걸친 $f(x)$의 정적분이라고 한다.

a를 아래끝, b를 위끝이라고 한다.

※ 여기에서는 $f(x) \geq 0$라고 간주한다.

테트라 이 인테그랄,

$$\int_a^b$$

에 적힌 a와 b가 구간 $[a, b]$를 나타내고 있는 거네요.

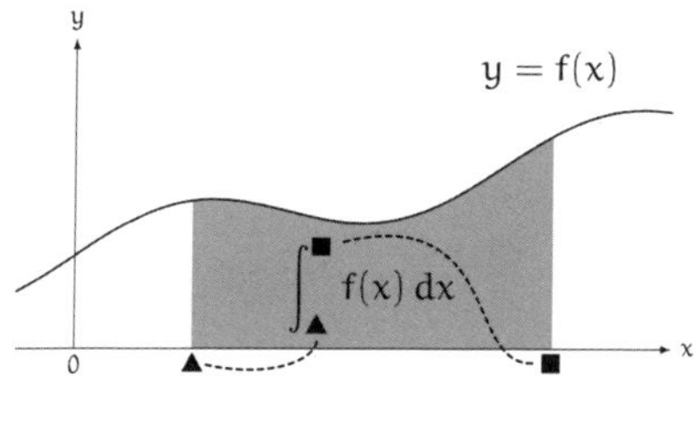

▲에서 ■까지의 정적분

나 그렇지.

테트라 인테그랄은 'S'를 길게 한 거죠?

미르카 '∫'는 'Sum'의 첫 글자라고 생각할 수 있어. 즉 합을 말해.

나 넓이를 구분구적법으로 구하기 때문이야. 합의 극한이지.

테트라 그런데…, 기본적인 질문이라서 조금 죄송하지만 어째서 $\int_a^b f(x)\mathrm{d}x$가 넓이가 되는 거죠?

나 어째서라…. 그렇게 물어보면 어떻게 대답해야 할지….

미르카 테트라, 순서가 바뀌었어. 넓이를 사용해서 정적분을 정의하고, 그것을

$$\int_a^b f(x)\mathrm{d}x$$

라고 표기하기로 결정한 거야. 넓이를 사용해서 정의했으니

까 넓이가 되는 건 당연하지.

테트라 약속했다는 말이군요?

미르카 맞아. 다른 방법으로 정적분을 정의할 수도 있지만, 지금은 넓이를 사용해서 정의하고 있는 거야.*

테트라 약속이라면 어쩔 수 없네요.

미르카 자, 그럼 테트라에게 퀴즈를 낼게. 이런 등식은 성립할까?

$$\int_a^b f(x)\mathrm{d}x = \int_a^b f(\mathrm{t})\mathrm{dt}$$

테트라 음…, 성립한다고 생각해요. 축의 이름을 다르게 생각하면 $y = f(x)$와 $y = f(\mathrm{t})$는 똑같은 그래프니까, 넓이는 동일해요.

미르카 정답이야!

테트라 그렇다면 ♡로 바꾸어도 괜찮은 거지요? 이런 식으로요!

$$\int_a^b f(x)\mathrm{d}x = \int_a^b f(\heartsuit)\mathrm{dt} \qquad (?)$$

나 그렇지.

* 〈부록 : 정적분을 정의하는 두 가지 방법〉 참고(163쪽).

미르카 아니야, 틀렸어. dt가 아니라 d♡가 되어야 해.

$$\int_a^b f(x)\mathrm{d}x = \int_a^b f(\heartsuit)\mathrm{d}\heartsuit$$

나 아, 그렇구나. 미안.

테트라 아하…. 이건 ♡축을 생각하고 있는 거네요.

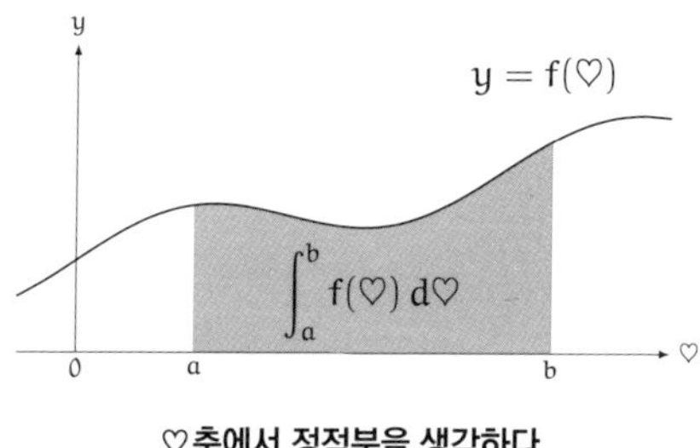

♡축에서 정적분을 생각하다.

나 t축에서 생각하면 이렇게 되겠지.

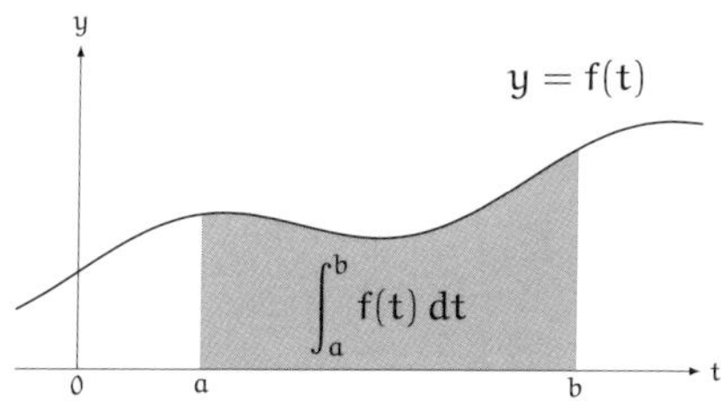

t축에서 정적분을 생각하다.

미르카 자, 이제 인테그랄을 사용해서 미적분학의 기본 정리를 써보자. 구간을 $[a, x]$ 에서 생각할 때, 정적분 $\int_a^x f(\mathrm{t})\mathrm{dt}$를 의 함수라고 가정하자. 그러면,

$$\frac{\mathrm{d}}{\mathrm{d}x}\int_a^x f(\mathrm{t})\mathrm{dt} = f(x)$$

라고 할 수 있어. 이게 바로 미적분학의 기본 정리야.

나 그렇지.

테트라 또다시 어려운 식 등장!

나 아니야, 테트라. 미르카는

$$\mathrm{F}'(x) = f(x)$$

와 똑같은 말을 하고 있는 거야.

테트라 그런가요?

나 수식을 한번 읽어보자.

- 구간 $[a, x]$에서 $f(\mathrm{t})$ 가 만드는 넓이를 나타내는 x의 함수

$$\int_a^x f(\mathrm{t})\,\mathrm{dt}$$

- 구간 $[a, x]$에서 $f(\mathrm{t})$가 만드는 넓이를 나타내는 x의 함수 를

x로 미분한 함수

$$\frac{d}{dx}\int_a^x f(t)dt$$

- 구간[a, x]에서 f(t)가 만드는 넓이를 나타내는 x의 함수를 x로 미분한 함수는 $f(x)$와 같다.

$$\frac{d}{dx}\int_a^x f(t)dt = f(x)$$

나 이 식에서 $\frac{d}{dx}$는 x로 미분한다는 의미야.

$$\frac{d}{dx}\int_a^x f(t)dt = f(x)$$

테트라 미분은 F′(x)죠?

나 응, 그렇지. 'F(x)를 미분한다'를

′(프라임)

이라는 기호로 표시하는 것과 마찬가지로,

$$\frac{d}{dx}$$

도 미분을 나타내고 있어.

테트라 여러 가지 표기 방법이 있네요….

미르카 프라임 기호(′)는 무엇으로 미분하는지 오해가 없을 때는 간편하게 사용할 수 있어. 그에 비해 $\frac{\mathrm{d}}{\mathrm{d}x}$ 는 무엇으로 미분할지 명시해주고 있기 때문에 헷갈리지 않아. x로 미분한다면 $\frac{\mathrm{d}}{\mathrm{d}x}$ 로, t로 미분한다면 $\frac{\mathrm{d}}{\mathrm{dt}}$ 를 사용해.

테트라 ♡로 미분할 때는 $\frac{\mathrm{d}}{\mathrm{d}\heartsuit}$ 인 거네요!

3-6 수학적 대상과 수학적 주장

테트라 표기하는 방법만 다르다는 걸 알았어요. 잠깐 정리해볼게요. 미적분학의 기본 정리는 이렇게 쓰는 거죠?

① 함수 $f(\mathrm{t})$가 구간 $[a, x]$에서 만드는 넓이를

$$\int_a^x f(\mathrm{t})\mathrm{dt}$$

라고 쓰기로 한다. 이것은 정적분을 이렇게 나타낸다는 약속이다. 이는 x의 함수라고 할 수 있다.

② 이 함수를 x로 미분해서 얻을 수 있는 함수는

$$\frac{\mathrm{d}}{\mathrm{d}x}\int_a^x f(\mathrm{t})\mathrm{dt}$$

라고 표기한다. $\frac{d}{dx}$는 x로 미분한다는 약속이다.

③ 그리고 ②의 함수는 심지어 함수 $f(x)$와 같아진다. 이를 수식으로 쓰면,

$$\frac{d}{dx}\int_a^x f(t)dt = f(x)$$

가 된다…. 이런 말이군요!

나 그렇지!

테트라 차근차근 생각하는 것이 매우 중요하네요…. 이렇게 까다로운 수식을 읽을 수 있다니, 저는 생각도 못했어요.

미르카 테트라의 설명이 참 흥미롭네.

테트라 네? 그, 그런가요?

미르카 '수학적 대상'과 '수학적 주장'을 명확하게 구분하고 있어.

나 무슨 말이야?

테트라 어떤 의미인가요?

미르카 테트라가 ①과 ②에서 말한,

$$\int_a^x f(t)dt \text{ 와 } \frac{d}{dx}\int_a^x f(t)dt$$

는 '수학적 대상'이야. 수학에서 다루는 대상, 즉 '개념'인 거지.

테트라 ….

미르카 그에 비해 ③의

$$\frac{d}{dx}\int_a^x f(t)dt = f(x)$$

는 '수학적 주장'이라고 말할 수 있어. 좌변이 나타내는 수학적 대상과 우변이 나타내는 수학적 대상이 같다는 주장이야.

테트라 …그렇군요.

미르카 테트라는 '수학적 대상'과 '수학적 주장'을 명확하게 나누어서 표현하고 있어.

테트라 아, 아니에요. 그런 식으로 생각하지 않았는걸요. 하지만 미르카 선배님에게 듣고 보니, 확실히 나누어져 있네요.

나 참 재미있네.

3-7 원시함수

미르카 조금 전에

$$\int_a^b$$

의 위끝 b를 x로 바꿔서

$$\int_a^x$$

라고 했어. 그리고 정적분을 x의 함수라고 간주했지. 이번에는 아래끝 a에 주목해보자. 아래끝을 바꿔도 미적분학의 기본 정리는 성립해. 아래끝을 c_1, c_2, c_3이라고 해서 $F_1(x)$, $F_2(x)$, $F_3(x)$를 만들어보자.

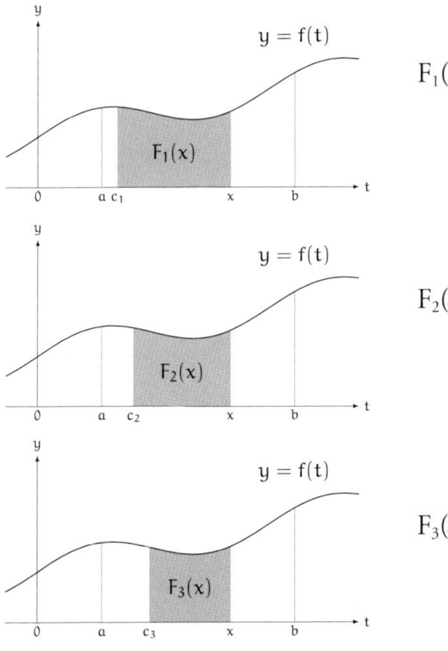

$$F_1(x) = \int_{c_1}^x f(t)dt$$

$$F_2(x) = \int_{c_2}^x f(t)dt$$

$$F_3(x) = \int_{c_3}^x f(t)dt$$

테트라 네? 아래끝을 바꾸면 넓이도 변하잖아요. 그런데도 미적분학의 기본 정리가 성립하나요? $F_1(x)$와 $F_2(x)$, $F_3(x)$는 모두 다른 함수인 거죠?

미르카 물론 다르지. 하지만 $F_1(x)$, $F_2(x)$, $F_3(x)$ 중 어떤 것을 미분해도 $f(x)$와 같아.

$$F_1'(x) = f(x)$$

$$F_2'(x) = f(x)$$

$$F_3'(x) = f(x)$$

테트라 왜죠…?

나 테트라, 구분구적법을 활용한 설명을 떠올려봐. 그때 우리는 아주 많은 직사각형 중에서 단 한 개의 직사각형만 확대해서 생각했지?(128쪽) x와 $x+h$라는 가느다란 직사각형으로 말이야. 그것을 떠올려보면,

$$F(x+h) - F(x) = F_1(x+h) - F_1(x)$$

$$F(x+h) - F(x) = F_2(x+h) - F_2(x)$$

$$F(x+h) - F(x) = F_3(x+h) - F_3(x)$$

가 된다는 것을 알 수 있어. 아래끝이 바뀌어도 우리가 관심을 가지는 넓이는 변하지 않는 거지.

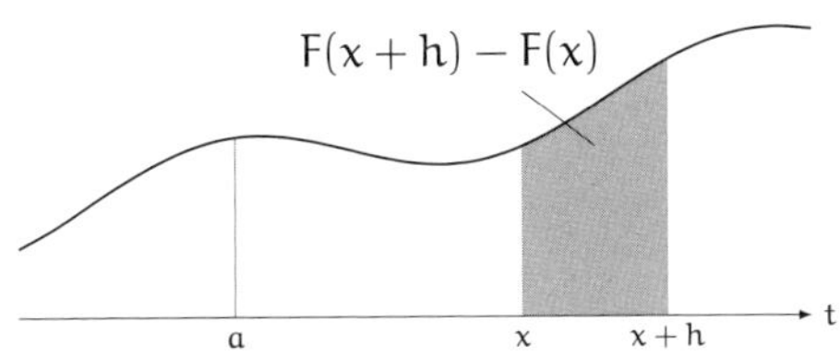

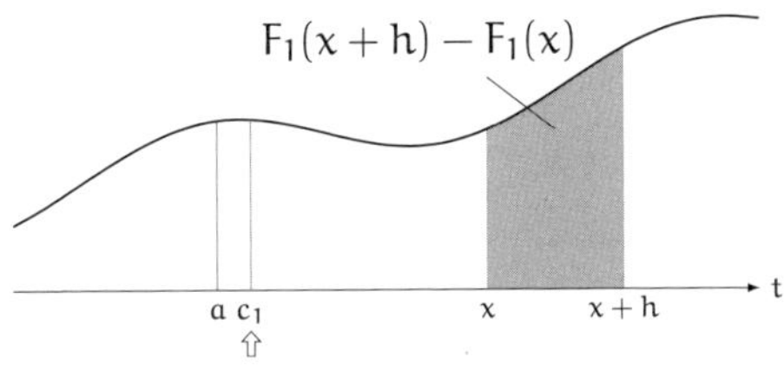

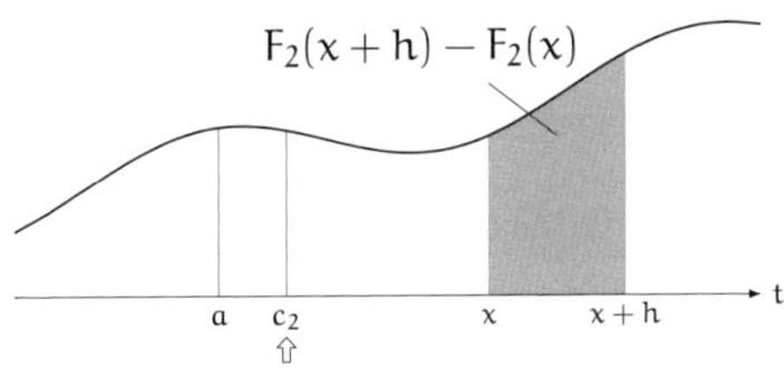

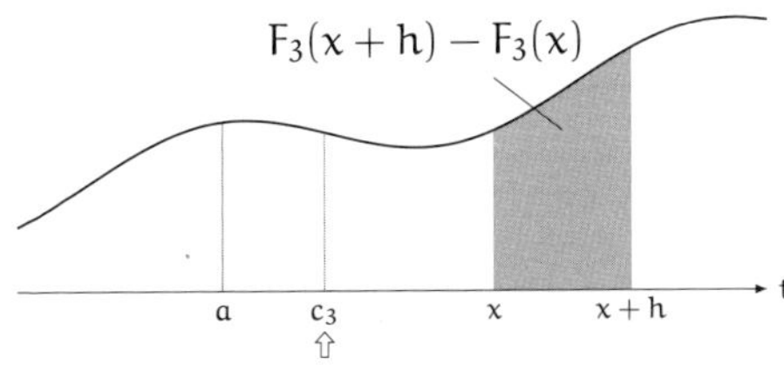

테트라 확실히 넓이가 똑같아지네요….

나 그러니까 h로 나누고 $h \to 0$의 극한을 취해도 마찬가지야.

미르카 $F(x)$, $F_1(x)$, $F_2(x)$, $F_3(x)$는 미분하면 모두 $f(x)$와 같아. 미분해서 $f(x)$와 같아지는 함수를 $f(x)$의 원시함수라고 부르니까, 정적분 $\int_a^x f(t)dt$의 아래끝인 a를 바꾸어 만든 x의 함수는 모두 $f(x)$의 원시함수가 되는 거야. 오직 상수의 차이만 있을 뿐이지.

테트라 모두 다 친구인 거네요.

3-8 부정적분의 탐구

미르카 그렇지, 친구인 거야. 자, 이제 F_1, F_2, F_3을 하나로 묶어서 다루고 싶어.

테트라 ????

미르카 원시함수를 일반화해서 나타낸 것을 부정적분이라 부르고,

$$\int f(x)dx$$

라고 쓰기로 약속하는 거야. 부정적분은 $f(x)$의 원시함수의

일반형이라고 할 수 있지. 원시함수 친구들은 상수의 차이밖에 없어. 그래서 적분상수라고 부르는 임의의 상수를 사용해서 쓸 수 있고.

$$\int f(x)\mathrm{d}x = \mathrm{F}(x) + \mathrm{C} \quad (\mathrm{C}\text{는 적분상수})$$

테트라 선배님들, 저 너무 혼란스러워요! 정적분, 부정적분, 거기에 원시함수까지….

미르카 '적분하다'라고 말할 수 있는 상황은 두 가지야. 하나는,

'넓이를 구하자'

라는 상황에서 구할 수 있는 건 정적분이야. 또 다른 하나는,

'미분을 했을 때 그 함수가 되는 함수를 구하자'

라는 상황에서 구할 수 있는 건 원시함수고. 하나의 원시함수만 구해지는 경우도 있지만, 대부분 적분상수를 사용한 원시함수의 일반형을 구하지. 이때 구할 수 있는 건 부정적분이 되는 거야.

나 그러고 보니 시험에서는 반드시 '정적분'과 '부정적분'을 나누어 사용해. 용어를 말이야.

테트라 ….

3-9 정적분의 탐구

미르카 그러면 미적분학의 기본 정리를 이용해서,

$$\int_a^x f(t)dt$$

라는 정적분에 대해 탐구해볼까?

나 탐구?

미르카 미적분학의 기본 정리는

$$\frac{d}{dx}\int_a^x f(t)dt = f(x)$$

라는 식으로 나타낼 수 있어. 이 식을 자세히 들여다보면,

$$\int_a^x f(t)dt$$

는 $f(x)$의 원시함수 중 하나가 된다는 사실을 알 수 있지.

나 x로 미분하면 $f(x)$와 같아지기 때문에?

미르카 그렇지. 그래서 이 정적분은 $f(x)$의 원시함수 중 하나인 F(x)를 사용해서,

$$\int_a^x f(t)dt = F(x) + A$$

라는 형태로 쓸 수 있어. 여기서 A는 상수야.

나 이런 게 탐구인가?

미르카 게다가 A의 값도 알 수 있어. x에 a를 대입하면,

$$\int_a^a f(t)dt = F(a) + A$$

가 되지. 위끝과 아래끝이 일치하기 때문에 넓이는 0이 되니까, 좌변은 0이 돼. 즉

$$0 = F(a) + A$$

가 되기 때문에

$$A = -F(a)$$

라는 사실을 알았어. 이제 상수 A의 값을 알았으니 구체적인 정적분을 쓸 수 있지.

$$\begin{aligned}\int_a^x f(t)dt &= F(x) + A \\ &= F(x) - F(a)\end{aligned}$$

특별히 여기에서 $x = b$라고 하면,

$$\int_a^b f(t)dt = F(b) - F(a)$$

가 되는 거야.

나 자주 등장하는 정적분의 계산으로 이어진다는 말이구나.

미르카 미적분학의 기본 정리를 사용해서, 정적분은 '원시함수의 차'라는 사실이 증명되었어.

테트라 아, 잠시만요…. 식의 변형은 이해했는데 이게 중요한가요?

미르카 물론이지. '원시함수의 차'로 넓이를 구할 수 있다는 사실이 밝혀졌으니까. 구분구적법으로 직접 계산하지 않아도 미분해서 $f(x)$가 되는 하나의 원시함수 $\mathrm{F}(x)$를 찾으면 되는 거야.

나 아까 테트라가 구분구적법으로 넓이를 구하기 어렵다고 말했었지?(113쪽) 지금 미르카가 한 증명이 테트라의 의문에 대한 대답인 거야. 구분구적법으로 하나하나의 넓이를 구하기는 매우 어렵지만, 원시함수만 알고 있으면 구간의 양끝을 사용해서 넓이를 구할 수 있으니까.

테트라 아하….

3-10 유한합의 탐구

미르카는 점점 이야기의 속도를 높여나갔다.

미르카 그럼 더 즐겨보자. 아까 테트라가 $\int$을 'S'라고 말했잖아. 하지만 $\sum$(시그마)야말로 'S'라고 할 수 있어.

테트라 $\sum$는 합을 나타내기 때문이죠. 그리스 문자의 'S'이기도 하고요.

미르카 우리는 정적분을 $\int$이라고 썼어. 그렇다면 마찬가지로 유한합을 $\sum$라고 쓸 수는 없을까?

나 유한합?

미르카 $\int$은 연속(連續)의 세계. 그리고 $\sum$는 이산(離散)의 세계. 정적분은

$$\int_a^b f(x)\mathrm{d}x = \mathrm{F}(b) - \mathrm{F}(a)$$

라고 썼으니까….

나 그걸 이산의 세계로 가지고 가려고?

테트라 이산의 세계로 넘어간다?

미르카 물론 수학적 타당성을 유지하면서. 예를 들어 함수 $f(\mathrm{t})$를 사용해서 정적분을 생각했던 것처럼, 수열 a_k를 사용해서

유한합을 생각해보자. 정적분

$$\int_a^b f(t)dt$$

의 표기에 맞춘다면, 유한합은

$$\sum_{k=m}^{n} a_k$$

로 나타낼 수 있을까? 자, 어떻게 생각해?

나 그렇구나. 'a에서 b까지의 정적분'을 'm에서 n까지의 합'으로 보고 판단한다는 거네! 괜찮은 방법인데!

미르카 그런데 만약에 정적분에서 위끝과 아래끝이 같다면 결과는 0이 되잖아.

$$\int_a^a f(t)dx = 0$$

똑같은 것을 유한합으로 나타내면,

$$\sum_{k=m}^{m} a_k = a_m$$

이니까 a_m이 되고 말아. 0은 되지 않는 거지.

테트라 그럼 넘어가는 건…, 실패인가요?

나 음. 그렇다면

$$\sum_{k=m}^{n} a_k$$

가 아니라

$$\sum_{k=m}^{n-1} a_k$$

로 해보면 어떨까?

미르카 고등학교 과정에서는 그걸 사용하니 좋은 방법이야. 하지만 나는 부등식을 활용하는 방법이 더 명확할 것 같아.

$$\sum_{m \le k < n} a_k$$

이렇게 쓰면 적분하는 구간도 매끄럽게 이어질 거야. 예를 들어,

$$\int_a^b f(t)dt + \int_b^c f(t)dt = \int_a^c f(t)dt$$

라는 식은

$$\sum_{l \le k < m} a_k + \sum_{m \le k < n} a_k = \sum_{l \le k < n} a_k$$

라는 올바른 식으로 대응되는 거지.

나 그렇구나….

테트라 미분에 대응한 표현은 무엇이 될까요?

미르카 함수 $F(x)$를 미분해서 도함수 $f(x)$를 얻었다고 하면?

테트라 $F'(x) = f(x)$ 죠.

미르카 그러면 내부 구조를 알 수 없어. 함수 $F(x)$를 미분해서 함수 $f(x)$를 구하는 과정을

$$\lim_{h \to 0} \frac{F(x+h) - F(x)}{h} = f(x)$$

에서 생각해보자. 이산의 세계에서는 $h \to 0$인 극한을 다룰 수 없으니까 $h = 1$이라고 생각해볼까? 그러면,

$$\frac{A_{n+1} - A}{1} = a_n$$

이라는 꼴의 수열 $\{A_n\}$을 생각해보고 싶어져. a_n은 $A_{n+1} - A_n$이라는 차분이야. 수열 $\{a_n\}$은 수열 $\{A_n\}$의 계차수열이 되고.

나 수열 $\{a_n\}$이 수열 $\{A_n\}$의 계차수열이 된다는 것은 함수 $f(x)$가 원시함수 $F(x)$의 도함수라는 사실에 대응하는 거구나!

미르카 정적분은 원시함수의 차로 나타낼 수 있지.

$$\int_a^b f(t)dt = F(b) - F(a)$$

그럼 과연 이산의 세계에서는

$$\sum_{m \le k < n} a_k = A_n - A_m$$

이 성립할까?

나 계산해보자.

$$\sum_{m\le k<n} a_k = a_m + a_{m+1} + \cdots + a_{n-1}$$
$$= (A_{m+1} - A_m) + (A_{m+2} - A_{m+1}) + \cdots + (A_n - A_{n-1})$$
$$= A_n - A_m$$

와! 성립하네!

연속의 세계	←----→	**이산의 세계**
함수	←----→	수열
도함수	←----→	계차수열
미분	←----→	차분
$\int$	←----→	$\sum$
$\int_a^b f(t)dt$	←----→	$\sum_{m\le k<n} a_k$
$\int f(x)dx = F(x) + C$	←----→	$\sum_{m\le k<n} a_k = A_n + C$
$\lim_{h\to 0} \frac{F(x+h) - F(x)}{h} = f(x)$	←----→	$A_{n+1} - A_n = a_n$

$$\int_{a}^{b} f(\mathrm{t})\mathrm{dt} = \mathrm{F}(b) - \mathrm{F}(a) \quad \longleftrightarrow \quad \sum_{m \le k < n} a_k = A_n - A_m$$

$$\int_{a}^{a} f(\mathrm{t})\mathrm{dt} = 0 \quad \longleftrightarrow \quad \sum_{m \le k < m} a_k = 0$$

$$\int_{a}^{b} f(\mathrm{t})\mathrm{dt} + \int_{b}^{c} f(\mathrm{t})\mathrm{dt} = \int_{a}^{c} f(\mathrm{t})\mathrm{dt} \quad \longleftrightarrow \quad \sum_{l \le k < m} a_k + \sum_{m \le k < n} a_k + \sum_{l \le k < n} a_k$$

미르카 미적분학의 기본 정리,

$$\frac{\mathrm{d}}{\mathrm{d}x} \int_{a}^{x} f(\mathrm{t})\mathrm{dt} = f(x)$$

를 이산의 세계로 가지고 가면,

$$\sum_{m \le k < n+1} a_k - \sum_{m \le k < n} a_k = a_n$$

이 될 것 같은데 이게 '이산 미적분학'의 기본 정리일까?

테트라 이, 이건….

미즈타니 선생님 이제 하교할 시간이에요.

사서인 미즈타니 선생님의 소리에 수학 토크가 마무리되었다.

나머지는 우리가 각자 생각해야 하는 시간이다.

생각해야 할 것이 무수히 많을 것 같다.

부록 : 정적분을 정의하는 두 가지 방법

정적분은 아래와 같은 두 가지 방법으로 정의할 수 있다.

방법 ① 넓이로 정적분을 정의한다.

방법 ② 원시함수로 정적분을 정의한다.

이 책의 제3장에서는 방법 ①로 살펴보았지만, 고등학교 수업에서는 방법 ①과 ②를 모두 수업에 활용한다. 이는 방법의 차이일 뿐, 어느 방법이 맞거나 틀리다는 것은 아니다.

- **원시함수와 부정적분 (방법 ①과 방법 ②에서 공통)**

함수 F(x)를 미분하면 함수 $f(x)$와 같아질 때, 다시 말해

$$F'(x) = f(x)$$

가 성립하면

F(x)는 $f(x)$의 원시함수 중 하나이다

라고 말한다. 예를 들어 함수 $x^2 + x$는 함수 $2x + 1$의 원시함수 중 하나이다. 왜냐하면

$$(x^2+x)' = 2x+1$$

이 성립하기 때문이다. 또한 함수 $x^2+x+100$도 함수 $2x+1$의 원시함수 중 하나라고 할 수 있다. 그 이유는

$$(x^2+x+100)' = 2x+1$$

이 성립하기 때문이다. 일반적으로 $\mathrm{F}(x)$가 $f(x)$의 원시함수 중 하나라면, 다른 원시함수는

$$\mathrm{F}(x)+\mathrm{C}$$

와 같이 임의의 상수 C를 사용해서 나타낼 수 있다. 이때 C를 적분상수라고 부른다. 적분상수라는 것을 알 수 있다면 어떤 문자로 표시해도 괜찮다.

$f(x)$의 원시함수를 일반화해서 나타낸 것을 $f(x)$의 부정적분이라고 부르며,

$$\int f(x)\mathrm{d}x$$

라고 나타내기로 약속한다. 예를 들어,

$$\int (2x+1)\mathrm{d}x$$

는 함수 $2x+1$의 부정적분이다.

$f(x)$의 원시함수 중 하나를 $\mathrm{F}(x)$라고 한다면, $f(x)$의 부정적분은

$$\int f(x)\mathrm{d}x = \mathrm{F}(x) + \mathrm{C} \quad (\text{C는 적분상수})$$

로 나타낼 수 있다. 예를 들어, 함수 $2x+1$의 부정적분은 원시함수 중 하나인 x^2+x를 이용해서,

$$\int (2x+1)\mathrm{d}x = x^2 + x + \mathrm{C} \quad (\text{C는 적분상수})$$

라고 쓸 수 있다.

- **방법 ① 넓이로 정적분을 정의한다**

방법 ①은 넓이를 사용해서 정적분을 정의한다.

구간 $[a, b]$에서 함수 $f(\mathrm{t})$의 그래프가 만드는 도형의 넓이를

$$\int_a^b f(\mathrm{t})\mathrm{dt}$$

로 나타내며, 구간 $[a, b]$에 있는 함수 $f(\mathrm{t})$의 정적분이라고 정의한다. 다만, $f(\mathrm{t}) < 0$의 범위에서 넓이는 음의 값을 갖는다. 아래끝 a와 위끝 b가 상수라면, 정적분은 상수이다. 위끝이 변수 x인 정적분

$$\int_a^x f(\mathrm{t})\mathrm{dt}$$

는 x의 함수라고 할 수 있다.

이 함수를 x로 미분하면 $f(x)$를 얻을 수 있다는 것이 미적분학 기본 정리의 주장이다. 이 주장은

$$\frac{d}{dx}\int_a^x f(t)dt = f(x)$$

라고 나타낼 수 있다. 직관적으로 '적분한 함수를 미분하면 다시 원래대로 되돌아온다.' 즉, '적분은 미분의 역연산'이라는 성질을 주장한다.

미적분학의 기본 정리에서

$$\int_a^b f(t)dt = F(b) - F(a) = [F(x)]_a^b$$

라고 할 수 있다(155쪽 참조). $[F(x)]_a^b$ 는 $F(b) - F(a)$의 간략한 표기이다.

- **방법 ② 원시함수로 정적분을 정의한다**

방법 ①에서는 넓이를 사용해서 정적분을 정의했다. 그에 비해 방법 ②는 원시함수를 사용해서 정적분을 정의한다.

함수 $f(x)$의 원시함수 중 하나를 $F(x)$라고 할 때,

$$F(b) - F(a)$$

를 구간 $[a, b]$에 있는 정적분이라고 정의한다. 그리고 정적분 $F(b) - F(a)$를

$$\int_a^b f(t)dt$$

라고 표기하기로 약속한다. 다시 말해

$$\int_a^b f(t)dt = F(b) - F(a) = [F(x)]_a^b$$

이다. $[F(x)]_a^b$ 는 $F(b) - F(a)$의 간략한 표기이다.

위끝을 변수 x로 하는 정적분

$$\int_a^x f(t)dt$$

는 x의 함수로 간주할 수 있다.

정적분의 정의에 따라

$$\int_a^x f(t)dt = F(x) - F(a)$$

가 성립한다. 이 식의 양변을 x로 미분하면 정수 $F(a)$는 0이 되기 때문에,

$$\frac{d}{dx}\int_a^x f(t)dt = F'(x)$$

가 성립한다. 그런데 $F(x)$는 $f(x)$의 원시함수 중 하나이므로 원시함수의 정의에 따라

$$\frac{d}{dx}\int_a^x f(t)dt = f(x)$$

라고 말할 수 있다. 이것이 미적분학의 기본 정리이다. 방법 ②에서는 원시함수로 정적분을 정의했으므로 이 수식은 명백히 성립한다고 할 수 있다.

방법 ①의 경우, 정적분이 넓이를 나타낸다는 것은 정적분의 정의에 의해 밝혀졌지만, 미적분학의 기본 정리는 다시 증명해야 할 필요가 있다.

방법 ②의 경우, 미적분학의 기본 정리는 정적분의 정의에 의해 밝혀졌지만, 정적분이 넓이를 나타낸다는 것은 다시 증명해야 할 필요가 있다.

방법 ①과 ②에서는 공통적으로

$$\frac{d}{dx}\int_a^x f(t)dt = f(x)$$

라는 미적분학의 기본 정리가 성립하며,

$$\int_a^b f(\mathrm{t})\mathrm{dt} = \mathrm{F}(b) - \mathrm{F}(a) = \left[\mathrm{F}(x)\right]_a^b$$

로 정적분을 구할 수 있다.

제3장의 문제

●●● 문제 3-1 (넓이를 구하라)

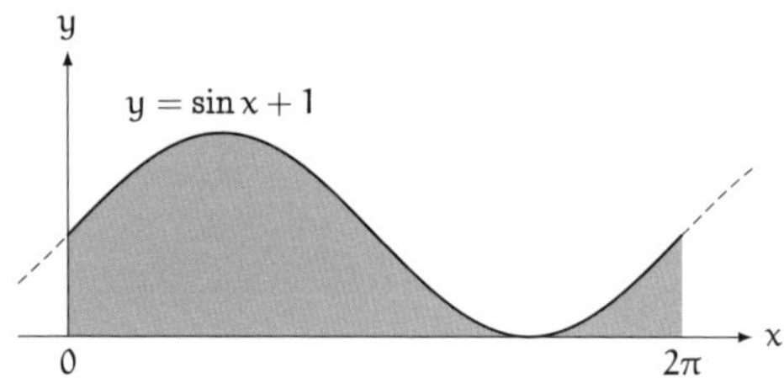

구간 $[0, 2\pi]$에서 그래프 $y = \sin x + 1$이 만드는 위의 그림과 같은 도형의 넓이를 구하시오.

힌트 $(-\cos x + x)' = \sin x + 1$

(해답은 288쪽에)

●●● **문제 3-2 (넓이를 구하라)**

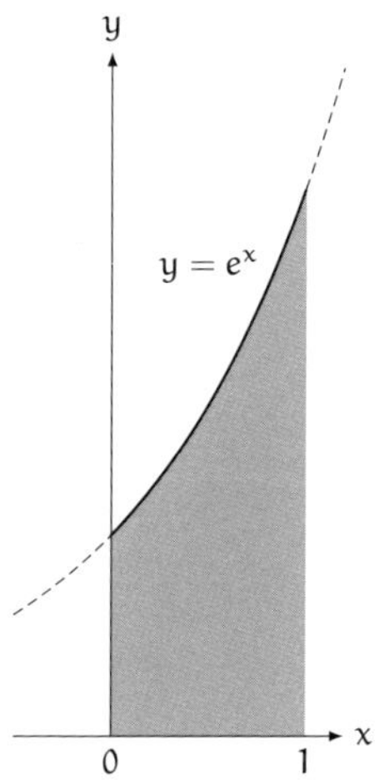

구간 [0, 1]에서 그래프 $y = e^x$이 만드는 위의 그림과 같은 도형의 넓이를 구하시오.

힌트 $(e^x)' = e^x$

(해답은 291쪽에)

●●● 문제 3-3 (넓이를 구하라)

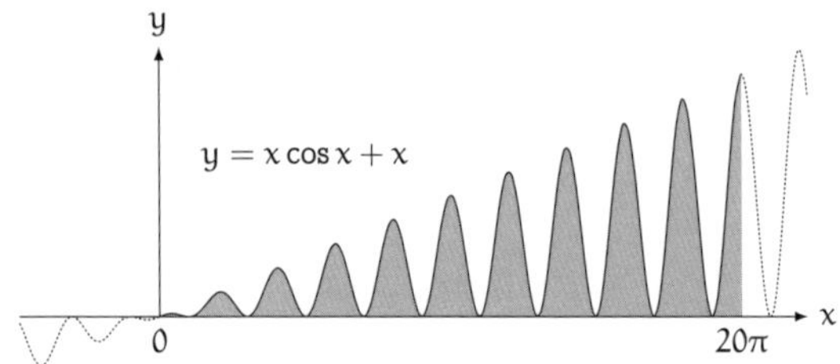

구간 [0, 20π]에서 그래프 $y = x\cos x + x$가 만드는 위의 그림과 같은 도형의 넓이를 구하시오.

힌트 $\left(x\sin x + \cos x + \frac{1}{2}x^2\right)' = x\cos x + x$

(해답은 293쪽에)

제4장

식의 형태를 꿰뚫어 보다

"하나의 단어만 알아도 수많은 것을 발견한다."

4-1 거듭제곱의 형태

어느 날 방과 후.

도서관에 들어서자 테트라가 멍하니 창밖을 바라보고 있었다.

나 테트라, 무슨 일이야.

테트라 앗, 선배님!

나 내가 생각하는 시간을 방해했어?

테트라 아니에요, 괜찮아요.

나 무라키 선생님에게 카드를 받아왔어. 자, 여기.

무라키 선생님의 카드

$$\int (x + x + x)\,dx$$

수학을 담당하는 무라키 선생님은 가끔 우리에게 '카드'를 주신다. 수학 문제가 적혀 있을 때도 있지만, 지금처럼 수식 하나만 덩그러니 적혀 있을 때도 있다.

우리는 이 카드를 보고 마음껏 사고의 폭을 넓히며 수학에 대해 이야기를 한다. 그리고 마음이 내키면 자유롭게 리포트도 작성한다. 무라키 선생님의 '카드'는 우리의 즐거움이다.

테트라 적분과 관련된 문제인가요?

나 응. 부정적분을 구하는 문제인데, 이건 테트라도 풀 수 있을 거야.

테트라 앗, 음…, 네. 아마 풀 수 있을 거예요. $x+x+x=3x$니까 미분해서 $3x$가 되는 함수를 구하는 문제네요. 그러니까……,

$$\begin{aligned}\int (x+x+x)\mathrm{d}x &= \int 3x\,\mathrm{d}x && x+x+x=3x\text{이다.}\\ &= \frac{3}{2}x^2 && (?)\end{aligned}$$

…정답은 $\frac{3}{2}x^2$이죠?

나 …적분상수도 써야지!

테트라 아, 맞다! 죄송해요. 부정적분을 구할 때는 적분상수가 필요했죠. 그러면

$$\int (x+x+x)\mathrm{d}x = \frac{3}{2}x^2 + \mathrm{C} \quad (\mathrm{C}\text{는 적분상수})$$

가 답이지요.

나 …일단 검산도 해보자.

테트라 네. 미분으로 검산을 꼭 해야 해요.

$$\left(\frac{3}{2}x^2+C\right)' = \frac{3}{2}\times 2\times x+0 \qquad x\text{로 미분한다.}$$
$$= 3x \qquad \text{계산한다.}$$

…맞아요, 확실히 $3x$로 되돌아와요. $x+x+x$예요!

나 그렇지, 정답이야. 부정적분을 구할 때는

- 적분상수를 잊지 않는다.
- 미분해서 원래대로 되돌아오는지 확인한다. (검산)

이 두 가지가 중요해. 적분한 다음에 바로 미분해서 검산하는 게 좋아. 긴 계산의 마지막 단계에서 실수를 알아차리면 비참해지니까.

테트라 그렇군요….

나 일반적으로 x^n이라는 함수를 미분할 때는,

'지수를 계수에 곱하고, 지수에서 1을 뺀다.'

가 되고, x^n을 적분할 때는,

'지수에 1을 더하고, 그 수로 계수를 나눈다.'

라고 할 수 있어.

테트라 맞아요. 완전 반대가 되죠.

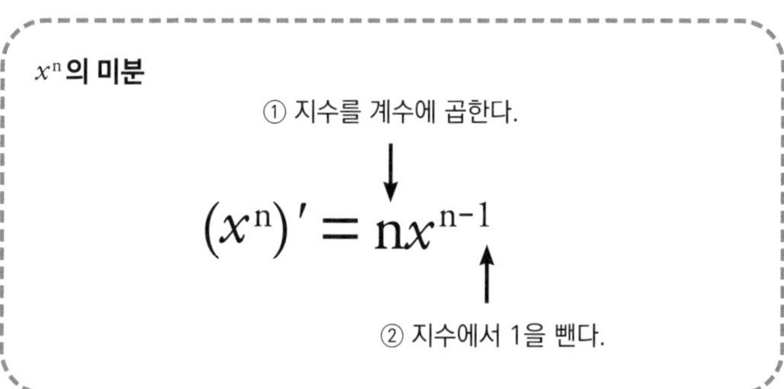

x^n의 적분

① 지수에 1을 더한다.

$$\int x^n dx = \frac{1}{n+1} x^{n+1} + C$$

② 그 수로 계수를 나눈다.

4-2 합의 형태

테트라 그런데 무라키 선생님은 왜 $x+x+x$라고 쓰셨을까요?

나 처음부터 $3x$라고 하면 된다고 생각하는 거야?

테트라 네. $x+x+x=3x$라는 건 한눈에 봐도 알 수 있잖아요.

나 무라키 선생님이 '합의 적분'을 보여주고 싶었던 것일지도 몰라.

테트라 합의 적분?

나 맞아. '합의 적분은 적분의 합'이라는 거지.

4-3 합의 적분은 적분의 합

나 '합의 적분은 적분의 합'을 식으로 나타내면, 이렇게 쓸 수 있어. 적분할 수 있는 두 함수 $f(x)$와 $g(x)$에 대해….

합의 적분은 적분의 합

적분할 수 있는 두 함수 $f(x)$와 $g(x)$에 대해 아래의 식이 성립한다.

$$\int\{f(x)+g(x)\}dx=\int f(x)dx+\int g(x)dx$$

테트라 아, 알았어요. 두 함수의 합은 $f(x)+g(x)$예요. 그것의 적분이 $\int\{f(x)+g(x)\}\mathrm{d}x$라는 거고요. 이 식의 좌변이 '합의 적분'을 나타내죠.

나 맞아, 맞아.

테트라 그리고 이 식의 우변은 $\int f(x)\mathrm{d}x$와 $\int g(x)\mathrm{d}x$라는 두 개의 적분을 더한 형태를 하고 있기 때문에 '적분의 합'이에요.

나 그렇지. 적분할 수 있는 두 개의 함수에 대해 언제나 이 식이 성립해. 그래서 '합의 적분은 적분의 합'이라고 표현할 수 있는 거야. 하나의 문장으로 말이지.

$$\underbrace{\int\{\overbrace{f(x)+g(x)}^{\text{합}}\}\mathrm{d}x}_{\text{합의 적분}}=\underbrace{\overbrace{\int f(x)\mathrm{d}x}^{\text{적분}}+\overbrace{\int g(x)\mathrm{d}x}^{\text{적분}}}_{\text{적분의 합}}$$

테트라 '합의 무언가는 무언가의 합'은 다른 부분에서도 나왔어요!

나 맞아, 미분에는 '합의 미분은 미분의 합'이 있지. 그리고 확률에 등장하는 기댓값도 '합의 기댓값은 기댓값의 합'이 성립하고 말이야.

합의 미분은 미분의 합

$$\underbrace{\overbrace{\{f(x)+g(x)\}'}^{\text{합}}}_{\text{합의 미분}} = \underbrace{\overbrace{f'(x)}^{\text{미분}}+\overbrace{g'(x)}^{\text{미분}}}_{\text{미분의 합}}$$

합의 기댓값은 기댓값의 합

$$\underbrace{\mathrm{E}[\overbrace{\mathrm{X}+\mathrm{Y}}^{\text{합}}]}_{\text{합의 기댓값}} = \underbrace{\overbrace{\mathrm{E}[\mathrm{X}]}^{\text{기댓값}}+\overbrace{\mathrm{E}[\mathrm{Y}]}^{\text{기댓값}}}_{\text{기댓값의 합}}$$

테트라 맞아요, 그랬어요…. 그런데 선배, '합의 무언가는 무언가의 합'이라는 문장은 왜 중요한 거죠?

나 응?

테트라 공식으로서는 알겠는데, 여기에 주목하는 이유가 뭐예요?

나 음, 글쎄. 왜 그럴까…. 나도 명확하게 설명할 수는 없지만, '기본이 되는 것은 무엇인가'에 주목하고 싶은 것일지도 모르겠네.

테트라 기본이 되는 것? 죄송해요, 잘 모르겠어요….

나 예를 들어, 수학 문제를 보다가 $f(x)+g(x)$의 적분을 구해야 한다고 가정해보자. 그때, '와, 이 식은 $f(x)$와 $g(x)$의 합의 꼴이구나!'라는 식의 형태를 파악할 수 있는지에 대한 이야기야. 식이 합의 형태라는 사실을 알면, $f(x)$와 $g(x)$, 각각의 적분을 구하면 되는 거지. 그래서 '합의 적분은 적분의 합'이라는 문장을 중요하게 생각하는 거고.

테트라 합을 만들고 있는 하나하나를 공략하면 전체도 함락시킬 수 있다는 의미인가요?

나 아하하, 그렇지. 확실히 공략이네. 통계에 나오는 기댓값의 경우에도 마찬가지야. 확률변수가 합의 형태라는 사실을 파악했다면 각각의 확률변수에 대해 기댓값을 계산하면 돼. 합의 형태를 **파악하는** 것 뿐만이 아니라, 더 적극적으로 식을 변형해서 합의 형태를 **만들어내는** 경우도 있어. 미분도, 적분도, 기댓값도 합의 형태가 되면 더 다루기 편해진다고 할 수 있지.

테트라 그렇군요! 이해했어요!

4-4 합의 문제

나 그럼 테트라, 이런 문제 풀 수 있어?

문제 ❶

다음의 부정적분을 구해보자.

$$\int (x^2+x+1)(2x+1)dx$$

테트라 음, 그러니까…. 전개하는 건가요?

나 맞아. '합의 적분은 적분의 합'이니까, 식을 전개해서 '곱의 형태'를 '합의 형태'로 만들어 생각하는 게 자연스럽지.

테트라 그러면 우선, $(x^2+x+1)(2x+1)$을 전개할게요.

$$\begin{array}{rrrrr} & & x^2+ & x & +1 \\ \times & & & 2x & +1 \\ \hline & & x^2 & x & 1 \\ & 2x^3 & 2x^2 & 2x & \\ \hline & 2x^3+ & 3x^2 & +3x & +1 \end{array}$$

테트라 $(x^2+x+1)(2x+1) = 2x^3+3x^2+3x+1$이 되니까,

$\int(x^2+x+1)(2x+1)dx$를 구하려면 $\int(2x^3+3x^2+3x+1)dx$를 풀면 되겠네요. 이 식은 합으로 분해하면 적분할 수 있어요. '합의 적분은 적분의 합'이니까요!

$$\int(2x^3+3x^2+3x+1)dx \qquad \text{합의 적분}$$

$$= \int 2x^3dx + \int 3x^2dx + \int 3xdx + \int 1dx \qquad \text{적분의 합}$$

$$= \frac{2x^4}{4} + \frac{3x^3}{3} + \frac{3x^2}{2} + x + C \qquad \text{각각 적분을 한다.}$$

$$= \frac{x^4}{2} + x^3 + \frac{3x^2}{2} + x + C \qquad \text{약분한다.}$$

테트라 이렇게 하는 거죠! C는 적분상수고요.

나 ….

테트라 아, 틀렸나요?

나 …검산을 빠뜨리면 안 돼.

테트라 아, 또 깜빡했네요!

$$\left(\frac{x^4}{2} + x^3 + \frac{3x^2}{2} + x + C\right)' = \frac{4x^3}{2} + 3x^2 + \frac{3\times 2x}{2} + 1 + 0 \qquad \text{미분한다.}$$

$$= 2x^3 + 3x^2 + 3x + 1 \qquad \text{계산한다.}$$

테트라 제대로 $2x^3+3x^2+3x+1$, 그러니까 $(x^2+x+1)(2x+1)$로 돌아왔어요!

나 참 잘했어요.

●●● 해답 ❶

$$\int(x^2+x+1)(2x+1)\mathrm{d}x=\frac{x^4}{2}+x^3+\frac{3x^2}{2}+x+C \quad (C\text{는 적분상수})$$

4-5 상수배

나 '합의 적분은 적분의 합'뿐만이 아니라 '상수배의 적분은 적분의 상수배'도 중요한 성질 중 하나야.

상수배의 적분은 적분의 상수배

적분할 수 있는 함수 $f(x)$와 상수 a에 대해 아래의 식이 성립한다.

$$\int af(x)\mathrm{d}x=a\int f(x)\mathrm{d}x$$

테트라 아하…, 예를 들면

$$\int 2x\,\mathrm{d}x = 2\int x\,\mathrm{d}x$$

라는 말인가요?

나 맞아, 맞아. 지금 테트라가 만든 예에서는 $f(x) = x$이고, $a = 2$야. '합의 적분은 적분의 합'과 '상수배의 적분은 적분의 상수배'라는 두 가지 성질을 하나로 합쳐서 '적분의 선형성'이라고 부르기도 하지. 하나의 식으로는 이렇게 쓸 수 있어.

적분의 선형성

적분할 수 있는 두 개의 함수 $f(x)$, $g(x)$와 두 개의 상수 a, b에 대해 아래와 같은 식이 성립한다.

$$\int \{af(x) + bg(x)\}\mathrm{d}x = a\int f(x)\mathrm{d}x + b\int g(x)\mathrm{d}x$$

테트라 아, 그런데, …선배님. 이런 '적분의 선형성'과 같은 식은 슬쩍 보고도 알 수 있나요?

나 응? 무슨 의미야?

테트라 있잖아요, 지금 선배님이 '적분의 선형성'이라고 말한

이 식 말인데요.

$$\int\{af(x)+bg(x)\}\mathrm{d}x = a\int f(x)\mathrm{d}x + b\int g(x)\ \mathrm{d}x$$

선배님이 '합'을 이야기하고 '상수배'를 이야기하고 나서, 마지막에 '선형성'을 이야기해줬기 때문에 이 식도 어떻게든 읽을 수 있었어요. 하지만 만약, 저 혼자 참고서를 읽다가 갑자기 이 식이 나오고 a와 b, $f(x)$와 $g(x)$가 나오면 굉장히 당황할 것 같아요….

나 흐음. 처음 선형성을 접한 사람에게는 어려울지도 모르겠구나. 하지만 선형성에 대해서 읽은 적이 있는 사람이라면 '아! 합과 상수배에 대한 이야기구나' 하고 바로 알 수 있을 거야.

테트라 그건 익숙함의 문제…, 라는 건가요?

나 응, 자주 접하는 게 중요하지. 수식을 읽는 요령도 있겠지만.

테트라 수식을 읽는 요령! 들려주세요!

나 그렇게 대단한 이야기는 아니야. 식을 읽을 때는 문자 하나하나를 보는 것뿐만 아니라 '식의 전체적인 형태를 본다'라는 거지.

테트라 식의 전체적인 형태요?

나 예를 들어 방금 말한 '적분의 선형성'의 식에서 인테그랄이나 dx가 뒤섞여서 나오고 있지? 그런 하나하나를 보는 것도 물론 중요하지만, 전체적으로 식의 형태가 어떤지 파악하는 것도 중요하다는 이야기야.

테트라 아, 그러니까….

나 '적분의 선형성'의 식은

$af(x)+bg(x)$의 적분

과

$f(x)$와 $g(x)$의 적분을 각각 a배, b배 해서 더한 것

이 같다는 주장이야. 즉 '합쳐서 적분'하고 있는 형태와 '각각 적분'하고 있는 형태가 되는 거지.

적분의 선형성의 '전체적인 형태'를 보자

$$\int\{af(x)+bg(x)\}\mathrm{d}x \quad \text{합쳐서 적분한다.}$$

$$= a\int f(x)\mathrm{d}x + b\int g(x)\mathrm{d}x \quad \text{각각 적분한다.}$$

테트라 아아, 확실히 그렇군요. 이런 설명을 들으면 알겠어요. 이것도 '기본이 되는 것은 무엇인가'에 주목하는 거네요.

나 그렇지. 이렇게 보는 방법도 있어. $\int\cdots\mathrm{d}x$라는 적분은 '합'

과 '상수배'를 빼내서 식의 깊숙한 부분까지 도달하는 거지.

적분은 '합'과 '상수배'를 빼낼 수 있다

$\int \{af(x)+bg(x)\}\mathrm{d}x$	합쳐서 적분하고 있다.
$= \int af(x)\mathrm{d}x + \int bg(x)\mathrm{d}x$	'덧셈'을 빼낸다.
$= a\int f(x)\mathrm{d}x + b\int g(x)\mathrm{d}x$	'상수배'를 빼낸다.

테트라 아, 그렇군요….

4-6 멱급수 형태

나 테트라, 이런 적분은 할 수 있어?

$$\int x^2 \mathrm{d}x = ?$$

테트라 그럼요, 할 수 있죠. $\int x^n \mathrm{d}x$의 형태니까 지수에 1을 더하고, 그 수를 계수로 나누면….

$$\int x^2 dx = \frac{1}{3}x^3 + C \quad (\text{C는 적분상수})$$

나 그렇지.

테트라 아, 미분으로 검산해야죠!

$$(\frac{1}{3}x^3 + C)' = \frac{3}{3}x^2 + 0 = x^2$$

확실히 x^2으로 되돌아왔어요!

나 자, 그럼 다음으로 이 식을 적분할 수 있을까?

$$\int \frac{1}{5!}x^5 dx = ?$$

테트라 에? 이건 뭐가 다른가요? 5!은 5 × 4 × 3 × 2 × 1인 거죠? 5의 팩토리얼(계승)이에요.

나 맞아. 단순히 계산하면 되는 거야.

테트라 지수에 1을 더하고, 그 수로 계수를 나누면…, 앗!

$$\begin{aligned}\int \frac{1}{5!}x^5 dx &= \frac{1}{5!} \times \frac{1}{6}x^6 + C && \text{적분한다.}\\ &= \frac{1}{6 \times 5!}x^6 + C \\ &= \frac{1}{6!}x^6 + C && 6 \times 5! = 6!\ \text{이다.}\end{aligned}$$

나 눈치챘어?

테트라 네. 계산 과정에서 6과 5!을 곱하기 때문에 6!이 된다는 말이군요!

$$6\times5!=6\times\underbrace{5\times4\times3\times2\times1}_{5!}=6!$$

적분하기 전에는 '5가 두 개'였는데

$$\int\frac{1}{5!}x^5dx=\cdots \qquad \text{5가 두 개}$$

적분을 하니까 '6이 두 개'가 되었어요!

$$\cdots=\frac{1}{6!}x^6+C \qquad \text{6이 두 개}$$

너무 재밌네요!

나 그렇지. 지금은 $\int\frac{1}{5!}x^5dx$ 의 예를 봤지만, 일반적으로

$$\int\frac{1}{n!}x^ndx=\frac{1}{(n+1)!}x^{n+1}+C$$

라고 할 수 있어.

테트라 그렇게 되네요. $(n+1)\times n!=(n+1)!$이니까요!

$\int \frac{1}{n!} x^{n} dx$ **꼴의 적분**

$$\int \frac{1}{0!} x^{0} dx = \frac{1}{1!} x^{1} + C$$

$$\int \frac{1}{1!} x^{1} dx = \frac{1}{2!} x^{2} + C$$

$$\int \frac{1}{2!} x^{2} dx = \frac{1}{3!} x^{3} + C$$

$$\int \frac{1}{3!} x^{3} dx = \frac{1}{4!} x^{4} + C$$

$$\int \frac{1}{4!} x^{4} dx = \frac{1}{5!} x^{5} + C$$

$$\int \frac{1}{5!} x^{5} dx = \frac{1}{6!} x^{6} + C$$

$$\vdots$$

$$\int \frac{1}{n!} x^{n} dx = \frac{1}{(n+1)} x^{n+1} + C$$

나 게다가 '합의 적분은 적분의 합'을 사용하면, 이런 재미있는 식을 만들 수 있어.

$$\int \left(\frac{1}{0!} x^{0} + \frac{1}{1!} x^{1} + \frac{1}{2!} x^{2} + \cdots + \frac{1}{n!} x^{n} \right) dx$$

$$= \frac{1}{1!} x^{1} + \frac{1}{2!} x^{2} + \cdots + \frac{1}{n!} x^{n} + \frac{1}{(n+1)!} x^{n+1} + C$$

테트라 적분을 하면 하나씩 밀리더라도 '같은 형태'가 된다는 말인가요?

나 그렇지.

테트라 마지막의 '꼬리'가 아쉬워요.

나 꼬리라니, $\frac{1}{(n+1)!}x^{n+1}$부분을 말하는 거야?

테트라 네, 맞아요. 차이점은 그 부분과 C뿐이잖아요.

나 그래서 '무한급수'를 사용하지. 즉 이와 같은 식을 하나의 함수라고 생각하는 거야.

$$\frac{1}{0!}x^0 + \frac{1}{1!}x^1 + \frac{1}{2!}x^2 + \frac{1}{3!}x^3 + \cdots + \frac{1}{n!}x^n + \cdots$$

테트라 이 식…, 어디에선가 본 적이 있어요.

나 이건 지수함수 e^x를 멱급수로 전개한 형태야!

지수함수 e^x

$$e^x = \frac{1}{0!}x^0 + \frac{1}{1!}x^1 + \frac{1}{2!}x^2 + \frac{1}{3!}x^3 + \cdots + \frac{1}{n!}x^n + \cdots$$

테트라 앗, 그런데 갑자기 e^x은 여기서 왜 나오나요?

나 지수함수 e^x은 미분해도 형태가 바뀌지 않아. 그래서 반대로 지수함수 e^x은 적분해도 형태가 바뀌지 않지. 차이점은 적분상수뿐이야. 엄밀하게는 무한히 계속되는 이 멱급수는 항별로 적분할 수 있다는 것을 밝혀야만 하지만.

지수함수는 미분해도 형태가 바뀌지 않는다.

$$(e^x)' = e^x$$

지수함수는 미분해도 형태가 바뀌지 않는다.
(적분상수의 차이는 제외)

$$\int e^x dx = e^x + C$$

테트라 아, 그래서 이름이 붙은 거군요!

나 응?

테트라 미분을 해도, 적분을 해도 바뀌지 않으니까 일부러 지수함수와 같이 이름을 붙여 주목하는 거겠죠?

나 ……?

테트라 '불변하는 것에는 이름을 붙일 가치가 있다'는 말이에요. 변하지 않는 것. 같은 형태를 유지하는 것. 그 장소에 계속 남아 있는 것. 미르카 선배님이 그런 것에는 '이름'을 붙일 가치가 있다고 자주 이야기했어요.

나 그렇구나, 듣고 보니 그렇네! 함수는 미분하면 다른 함수로 변화해. 그리고 적분해도 다른 함수로 변화하고. 하지만 지수함수 e^x은 미분을 해도 변함이 없고, 적분을 해도 변함이 없어. 다시 말해 지수함수는 부동점인 거야! 미분을 해도, 적분을 해도 움직이지 않잖아.

테트라 네, 맞아요. 선배님은 그런 이야기를 하고 있었던 거죠?

나 사실 나는 거기까지는 생각하지 않았어. 멱급수로 전개한 형태의 지수함수 e^x이라면 미분과 적분에서의 변화를 잘 알 수 있어. 지수 n과 분모의 팩토리얼 n!이 서로 관계하고 있어서 무척이나 흥미롭다고 말하고 싶었을 뿐이야.

테트라 그 재미를 이제 저도 알 것 같아요!

4-7 곱의 형태

테트라 선배님, 질문이 있어요. 아까부터 '합의 형태'인 식을 적분했는데, '곱의 형태'를 반드시 '합의 형태'로 만들어야만 하나요?

나 꼭 해야 하는 건 아니야. '곱의 형태'로도 적분할 수 있는 식이 있어. '적분은 미분의 역연산'이기 때문에 미분 공식이 있으면, 그걸 거꾸로 하면 적분 공식이 만들어진다는 거지.

테트라 적분 공식을… 만든다? 공식을 직접 만들 수 있다는 말인가요?

나 응, 그렇지. 일반적으로

'함수 $F(x)$를 미분하면 함수 $f(x)$가 된다.'

라는 미분 공식이 있다면, 그것을 반대로 해서

'함수 $f(x)$를 적분하면 $F(x)+C$ 가 된다.'

라는 적분 공식을 만들 수 있는 거야.

테트라 그렇군요. 그럼 '곱의 형태'를 적분하기 위한 공식을 찾고 싶다면, 미분한 결과가 '곱의 형태'가 되는 공식을 찾으면 되는 거네요?

나 바로 그거야! 역시, 테트라는 흡수가 빠르구나.

테트라 하, 하지만 미분한 결과가 '곱의 형태'가 되는 공식….
죄송하지만 잘 기억이 나지 않아요.

나 미분한 결과가 정확하게 '곱의 형태'가 되지 않아도 괜찮아.
'곱셈'이 어딘가에 등장하는 미분 공식을 잘 살펴보면 이해할 수 있어. 예를 들어 이런 공식, 기억나니?

'곱의 형태'가 나오는 미분 공식

$$\{f(x)g(x)\}' = f'(x)g(x) + f(x)g'(x)$$

테트라 음, 그러니까…. 기억이 잘 안 나요. 죄송해요.

나 아니야, 내게 사과할 필요는 없어. 하지만 이건 정말 자주 사용하는 공식이야. 자, 지금부터….

테트라 잠깐만요. 이 공식은 어떻게 읽는 게 좋을까요? '읽는 방법'이랄까, '생각하는 방법?' 아니면 '암기하는 방법'이라든지….

나 아, 그렇지. 익숙하지 않은 식이나 암기하지 못하는 식을 다룰 때는 '식의 형태'를 잘 살펴보는 게 중요해. 적분과는 조금 이야기가 멀어지지만, 이 식을 먼저 설명해줄게.

테트라 고맙습니다….

나 공식이기 때문에 함수는 $f(x)$나 $g(x)$와 같은 일반화된 방법으로 나타내고 있어. 하지만 $f(x)$나 $g(x)$는 x^2+x+1이나 $\sin x$, e^x과 같은 x의 함수를 의미하지.

테트라 네, 그건 알아요.

나 그럼 전체적인 '식의 형태'를 다시 한 번 살펴보자. 이 식은 '등식'으로 되어 있지?

$$\{f(x)g(x)\}' = f'(x)g(x) + f(x)g'(x)$$

테트라 네, 등식으로 되어 있어요. 등호(=)가 있으니까요.

나 좌변과 우변이 같다는 주장이야.

테트라 앗, '수학적 주장' 말이군요. 이전에 미르카 선배님이 했던 말이에요.

나 맞아. 자, 이번에는 좌변을 보도록 하자. 좌변은 뭘 의미하지?

$$\{f(x)g(x)\}'$$

테트라 네, 좌변은 미분을 나타내고 있어요.

나 조금 더 구체적으로 설명해볼까? $f(x)g(x)$라는 건 두 개의 함수 $f(x)$와 $g(x)$의 곱으로 만들어진 함수지. 그렇다면 $\{f(x)$

$g(x)\}'$은 뭘 나타낼까?

테트라 음. $\{f(x)g(x)\}'$은 함수 $f(x)g(x)$를 미분한….

나 미분한?

테트라 미분한 거라고 할까요…. 음, 어떤 단어로 표현해야 할까요?

나 미분한 함수라고 하지. $\{f(x)g(x)\}'$이라는 식은 '함수 $f(x)g(x)$를 미분해서 얻을 수 있는 함수'를 의미하는 거야.

$\{f(x)g(x)\}'$ 함수 $f(x)g(x)$를 미분해서 얻을 수 있는 함수

테트라 …….

나 미분해서 얻을 수 있는 함수를 도함수라고 하니까, 한 마디로 '함수 $f(x)g(x)$의 도함수'라고 해도 좋아.

$\{f(x)g(x)\}'$ 함수 $f(x)g(x)$의 도함수

테트라 …….

나 여기까지 괜찮아?

테트라 네, 괜찮아요…. 그런데, 선배님. 저 아까 선배님 질문에 제대로 답변할 수가 없었어요. 그러니까 좌변이 '무엇인지'

말하지 못한 거예요.

나 응, 그랬지.

테트라 하지만 생각해보면 '무엇인지'를 말할 수 없다는 건 참 곤란한 일이에요. '적혀 있는 식이 무엇을 나타내는지'를 알지 못한다는 말이니까….

나 맞아, 테트라. 식을 볼 때는 하나하나 꼼꼼하게 생각하면서, 정말 자신이 이해하고 있는지 확인하는 게 아주 중요해. 자, 그럼 이번에는 우변을 생각해보자. 이건 뭘 나타내고 있다고 생각해?

$$f'(x)g(x)+f(x)g'(x)$$

테트라 $f'(x)g(x)$는 '함수 $f(x)$를 미분해서 얻을 수 있는 함수와 함수 $g(x)$의 곱'이에요. 그리고 $f(x)g'(x)$는 '함수 $f(x)$와 함수 $g(x)$를 미분해서 얻을 수 있는 함수의 곱'이니까 $f'(x)g(x)+f(x)g'(x)$는 그 두 함수의 합이죠.

나 맞았어. $f'(x)g(x)$는 $f'(x)$와 $g(x)$라는 두 함수의 곱이고, $f(x)g'(x)$는 $f(x)$와 $g'(x)$라는 두 함수의 곱으로 되어 있지. 그리고 $f'(x)g(x)$와 $f(x)g'(x)$는 모두 함수야. 우변의 $f'(x)g(x)+f(x)g'(x)$도 역시 함수로 되어 있지.

테트라 맞아요! 전부 함수예요!

나 응. 이렇게 자세하게 읽었으니 다시 한 번 공식의 형태를 살펴보자.

$$\{f(x)g(x)\}' = f'(x)g(x) + f(x)g'(x)$$

테트라 네. 전체는 등식, 좌변은 함수, 우변도 함수죠.

나 그렇지. 이 공식 전체의 '수학적 주장'은,

> $f(x)g(x)$라는 '곱의 형태'인 한 함수를 미분하면,
> $f'(x)g(x) + f(x)g'(x)$라는 형태의 함수와 같아진다

라고 해석할 수 있어. (216쪽 〈부록: 곱의 미분〉 참조)

테트라 …….

나 여기까지 잘 따라왔다면, 공식의 사용 방법도 이해할 수 있을 거야. 우리가 어떤 함수를 미분하려고 했을 때, '이 함수는 곱의 형태를 하고 있구나'라고 '식의 모양'을 알아차리면 우변과 같은 도함수를 구할 수 있다는 말이 되지. 설명이 너무 장황했네.

테트라 아, 아니요. 엄청 이해가 잘 가요!

나 바로 외우기 힘들지도 모르지만, 구체적인 함수로 연습하면 금방 암기할 수 있을 거야. 그럼 이제 미분에서 적분 이야기로 돌아가자.

4-8 미분에서 적분으로

나 미분 공식

$$\{f(x)g(x)\}' = f'(x)g(x) + f(x)g'(x)$$

를 거꾸로 사용하면 적분에 대한 공식을 얻을 수 있는데….
혹시 이해했니, 테트라?

테트라 거꾸로 사용한다…. 죄송해요. 아무래도 모르겠어요.

나 음, 그럼 방금 말한 '아무래도'를 설명해볼래?

테트라 공식의 양변을…, 적분하면 어떨까요?

나 맞아! 바로 그거야. 양변을 적분해보자. 구체적으로 양변에 $\int \cdots \mathrm{d}x$를 씌운 모양이 되지.

$$\{f(x)g(x)\}' = f'(x)g(x) + f(x)g'(x) \qquad \text{미분 공식}$$

$$\int \{f(x)g(x)\}' \mathrm{d}x = \int \{f'(x)g(x) + f(x)g'(x)\} \mathrm{d}x \qquad \text{양변을 적분한다.}$$

테트라 아, 네.

나 좌변의 안쪽부터 살펴보면, $f(x)g(x)$를 미분한 다음에 다시 적분하고 있지?

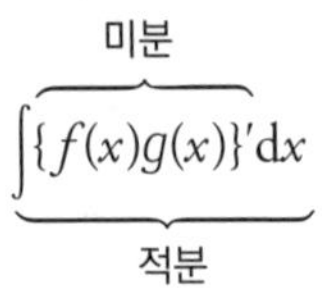

테트라 네, 맞아요.

나 $f(x)g(x)$를 미분하고 적분하는 거니까, 결국 $f(x)g(x)+\mathrm{C}$가 되지. 그래서 이런 식이 성립해.

$$\int \{f(x)g(x)\}'\,\mathrm{d}x = \int \{f'(x)g(x) + f(x)g'(x)\}\mathrm{d}x \quad \text{앞의 식}$$

$$f(x)g(x) + \mathrm{C} = \int \{f'(x)g(x) + f(x)g'(x)\}\mathrm{d}x$$

좌변은 $f(x)g(x)+\mathrm{C}$ 가 된다.

테트라 그렇군요.

나 이번에는 우변을 자세히 살펴보자. 합의 꼴로 되어 있는 게 보이지? '합의 적분은 적분의 합'이니까 적분 기호를 개별적으로 붙일 수 있어.

$$f(x)g(x) + \mathrm{C} = \int \{f'(x)g(x) + f(x)g'(x)\}\mathrm{d}x \quad \text{앞의 식}$$

$$f(x)g(x) + \mathrm{C} = \int f'(x)g(x)\mathrm{d}x + f(x)g'(x)\mathrm{d}x$$

합의 적분은 적분의 합

테트라 네.

나 이 식에서 적분 공식을 얻을 수 있는 거야.

$$f(x)g(x) + C = \int f'(x)g(x)dx + \int f(x)g'(x)dx$$

앞의 식

$$f(x)g(x) - \int f'(x)g(x)dx + C = \int f(x)g'(x)dx$$

이항한다.

$$\int f(x)g'(x)dx = f(x)g(x) - \int f'(x)g(x)dx + C$$

양변을 교환한다.

부분적분의 공식

$$\int f(x)g'(x)dx = f(x)g(x) - \int f'(x)g(x)dx + C$$

테트라 이, 이것이 적분 공식인가요?

나 맞아. 이건 '미분 공식'으로 만든 '적분 공식' 중 하나야. 부분적분의 공식이라고도 하지.

테트라 이런 공식…, 너무 어려워요!

나 그렇지 않아. 어려워 보여도 좌변을 잘 봐봐.

$$\int f(x)g'(x)\mathrm{d}x$$

테트라 아, 네!

나 $f(x)$와 $g'(x)$의 '곱의 형태'인 함수를 적분할 때, 이 공식을 사용하는 거야. '식의 형태'에 주의해야 해. 미분 공식일 때는 $f(x)$와 $g(x)$의 '곱의 형태'였지만, 적분 공식에서는 한쪽이 도함수가 되고 있어. $f(x)$와 $g'(x)$의 '곱의 형태'인 거지. '식의 형태'를 파악하면 적분이 편해지는 경우가 있어.

테트라 아…, 네에. 아, 아니! 안 되겠어요.

나 응?

테트라 이 공식은 좌변의 적분을 계산하기 위해 사용하는 거죠? 하지만 우변에는 아직 적분이 남아 있다고요!

$$\underbrace{\int f(x)g'(x)\mathrm{d}x}_{\text{적분}} = f(x)g(x) - \underbrace{\int f'(x)g(x)\mathrm{d}x}_{\text{적분}} + \mathrm{C}$$

나 응, 그럴듯한 지적이야. 하지만 괜찮아.

테트라 그래도 적분이 사라지지 않았는데요….

나 응, 그렇게 착각할 수는 있지만 상관없어. 이 공식의 목적은 적분하는 함수의 '식의 형태'를 바꾸기 위해서야. '식의 형태'를 변화시켜 어떻게 쉽게 적분할 수 있을지 고민할 때 사용하는 거지.

테트라 '식의 형태'를 바꾼다는 건 $f(x)g'(x)$를 $f'(x)g(x)$로 바꾼다는 의미인가요?

나 그렇지! 맞았어. 적분의 대상이 되고 있는 식은, 좌변에서는 $f(x)g'(x)$지만 우변은 $f'(x)g(x)$가 되고 있어. 테트라는 '식의 형태'를 잘 파악한 거야!

$$\int f(x)g'(x)\,\mathrm{d}x = f(x)g(x) - \int f'(x)g(x)\,\mathrm{d}x + \mathrm{C}$$

테트라 하지만, 그래서 뭐가 어떻게 되는지 저는 이해가 잘 가지 않아요….

나 응, 그럼 간단한 사례를 통해 살펴보자. 걱정할 필요 없어. 바로 '그렇구나' 하고 이해하게 될 테니까. 곱의 형태인 부정적분이야.

●●● 문제 ❷ (곱의 형태인 부정적분)

$$\int x\mathrm{e}^{x}\,\mathrm{d}x$$

테트라 …이것은 x와 e^x의 곱으로 되어 있는 함수를 적분하는, 그러니까 부정적분을 구하라는 문제네요?

나 맞아. 만약 '합의 형태'였다면 선형성을 이용해서 생각할 수 있어. 하지만 '곱의 형태'니까 선형성으로 하면 안 돼. 그렇다고 xe^x의 적분을 바로 떠올리기도 쉽지 않고.

테트라 어떻게 해야 할지 전혀 모르겠는데요….

나 응, $\int xe^x dx$라는 식은

$$xe^x\text{의 부정적분}$$

을 나타내고 있어. 다른 말로 하면

$$\text{미분해서 } xe^x \text{ 이 되는 함수의 일반형}$$

을 의미하고 있지. 미분하면 xe^x 이 되는 함수, 혹시 기억나니?

테트라 아, 아니요. 안 떠올라요. 'x' 또는 'e^x'만 미분한다면 알겠는데….

나 바로 그거야! 그게 아주 중요한 힌트가 되지.

$$\text{'미분해서 } x\text{가 되는 함수'는 } \frac{1}{2}x^2 + C$$

이고,

'미분해서 e^x이 되는 함수'는 e^x+C

라는 사실을 알고 있어. 하나하나는 알고 있지. 하지만 그 두 식을 곱한 xe^x은 어떻게 하면 좋을지 모르는 거잖아.

테트라 …….

나 그럼 $\int xe^x dx$를 부분적분의 공식에 적용시켜보자!

테트라 네!

4-9 부분적분의 공식에 적용하다

나 공식에 적용하려면 부분적분의 공식과 문제의 식을 나란히 보는 게 좋아.

테트라 이렇게 말이죠?

$$\int f(x)g'(x)dx = f(x)g(x) - \int f'(x)g(x)dx + C \quad \text{부분적분의 공식}$$

$$\int xe^x dx = ?? \quad \text{문제의 식}$$

나 부분적분의 공식과 '곱의 형태'로 되어 있는 함수 xe^x을 비교해 보자. 그리고 어느 부분을 $f(x)$라고 하고, 어느 부분을

$g(x)$라고 할 것인지 생각하는 거야. 예를 들어 $f(x)=x$, $g(x)=\mathrm{e}^x$이라는 것처럼 말이야. 그럼 이제 어떻게 될까?

테트라 e^x은 미분해도 모양이 바뀌지 않으니까 $g(x)$를 e^x이라고 하면, $g'(x)$도 e^x이 되요. 그러니까 공식의 좌변인 $f(x)g'(x)$는 $x\mathrm{e}^x$이라는 형태가 되는 거예요!

나 맞아! 그렇지. 게다가 $f(x)=x$라면 $f'(x)=1$이 되기 때문에 식은 더 간단해져!

테트라 여기까지 왔으니 이제 저도 할 수 있을 것 같아요….

$$\int f(x)g'(x)\mathrm{d}x = f(x)g(x) - \int f'(x)g(x)\mathrm{d}x + \mathrm{C}$$ 부분적분의 공식

$$\int x(\mathrm{e}^x)'\mathrm{d}x = x\mathrm{e}^x - \int (x)'\mathrm{e}^x\mathrm{d}x + \mathrm{C}$$ $f(x)=x$, $g(x)=\mathrm{e}^x$ 이라고 한다.

$$= x\mathrm{e}^x - \int 1\mathrm{e}^x\mathrm{d}x + \mathrm{C}$$ $(x)'=1$이다.

$$= x\mathrm{e}^x - \int \mathrm{e}^x\mathrm{d}x + \mathrm{C}$$ $1\mathrm{e}^x=\mathrm{e}^x$이다.

$$= x\mathrm{e}^x - (\mathrm{e}^x + \mathrm{C}) + \mathrm{C}$$ (?)

$$= x\mathrm{e}^x - \mathrm{e}^x - \mathrm{C} + \mathrm{C}$$ (??)

$$= x\mathrm{e}^x - \mathrm{e}^x$$ (???)

= 적분상수가 사라져버렸다!

나 잠깐만, 적분상수는 부정적분마다 임의의 값을 갖는 상수니까 각각의 부정적분에 C라는 똑같은 문자를 사용하면 안 돼. C_1, C_2와 같이 다른 문자로 하고, $C_1 - C_2$를 다시 C라고 하는 거야.

$$\begin{aligned}\int xe^x dx &= xe^x - \int e^x dx + C_1 \\ &= xe^x - (e^x + C_2) + C_1 \\ &= xe^x - e^x + (C_1 - C_2) \\ &= xe^x - e^x + C\end{aligned}$$

테트라 네, 알겠어요!

나 지금은 식을 변형하는 과정을 구체적으로 적었지만, 이런 방법으로 풀이해도 틀리지 않아. 적분상수는 임의의 상수니까 말이야.

$$\begin{aligned}\int xe^x dx &= xe^x - \int e^x dx + C \\ &= xe^x - e^x + C\end{aligned}$$

●●● 해답 ❷ (곱의 형태인 부정적분)

$$\int xe^x dx = xe^x - e^x + C \quad (\text{C는 적분상수})$$

테트라 잠깐만요, 선배님. $xe^x - e^x + C$를 미분해서 xe^x으로 제대로 되돌아오는지, 검산할게요!

$(xe^x - e^x + C)'$	해답 2의 함수를 미분한다.
$= (xe^x)' - (e^x)' + (C)'$	미분의 선형성
$= (xe^x)' - (e^x)'$	$(C)' = 0$이다.
$= (xe^x)' - e^x$	$(e^x)' = e^x$이다.
$= (x)'e^x + x(e^x)' - e^x$	미분 공식(♡)
$= 1e^x + xe^x - e^x$	$(x)' = 1$이고, $(e^x)' = e^x$이다.
$= e^x + xe^x - e^x$	$1e^x = e^x$이다.
$= xe^x$	

테트라 선배님! xe^x으로 맞게 되돌아왔어요!

나 테트라, 정말 기뻐 보인다!

테트라 검산 과정에서 미분 공식을 사용했잖아요(♡). 그 순간에 저, '아, 제대로 하고 있구나'라고 깨달았어요. 나머지로 보였던 e^x이 사라지는 것을 이해한 거예요!

나 테트라가 '식의 형태'에 조금은 익숙해진 것일지도 몰라. 이제 함수 '$xe^x - e^x + C$'는 '미분하면 xe^x이 되는 함수'라는 사실을 제대로 확인한 거야.

테트라 그렇군요. 아까 선배님이 했던 말을 조금은 이해할 수 있을 것 같아요.

나 무슨 말이야?

테트라 저는 아까 양변에 적분이 있으면 안 된다고 초조해했는데, 선배님 말처럼 그렇지 않았어요. 좌변은 $\int x\mathrm{e}^x dx$라는 적분. 우변은 $\int \mathrm{e}^x dx$라는 적분. 분명 두 개 모두 적분의 형태지만, 우변 $\int \mathrm{e}^x dx$는 전혀 어렵지 않아요. 왜냐하면 지수함수 e^x은 미적분으로 모양이 바뀌지 않는다는 사실을 알고 있는 제 친구니까요!

나 제대로 이해했구나, 테트라. 적분은 '식의 형태'를 조금만 바꾸어도 계산이 급격히 편해지는 경우가 있어.

4-10 식의 형태

테트라 선배님. 갑자기 떠올랐는데, 잠깐만 들어주세요. 어쩌면 시시한 질문일 수도 있지만….

나 테트라가 그렇게 말하고 시시했던 적은 없었어.

테트라 앗, 그랬나요?

나 미안, 미안. 말을 끊어버렸네. 어떤 이야기야?

테트라 있잖아요. '식의 형태'를 아는 것은 중요하다고 생각해요. 예를 들어 x^2은 바로 적분할 수 있어요. 왜냐하면 x^n이라는 형태의 식이니까요.

나 응, 그렇지. '거듭제곱의 꼴'이잖아.

테트라 그렇죠…. 그리고 x^2+x^1+1도 적분할 수 있어요. 왜냐하면 '식의 형태'가 '합의 꼴'을 하고 있으니까요.

나 맞아. 아주 좋아.

테트라 여기까지는 이해하겠는데 부분적분의 공식은 너무 까다로워요. 왜냐하면 '식의 형태'를 끝까지 파악할 필요가 있기 때문이에요.

나 끝까지 파악한다?

테트라 네. 예를 들어 $x\mathrm{e}^x$이라는 식은 '곱의 형태'지만, 적분할 때는 $x(\mathrm{e}^x)'$이라고 꿰뚫어 본 거잖아요.

나 응. $x\mathrm{e}^x=x(\mathrm{e}^x)'$을 간파했다고 할 수 있지.

테트라 그러려면 제가 'e^x을 적분하면 e^x이 된다'는 사실을 알고 있어야만 해요.

나 그렇지….

테트라 게다가 우변에 등장하는 $f'(x)=g(x)$에서는 x를 미분하면 1이 되니까 적분이 간단해진다고 알아차릴 필요가 있어요…. 이건 꽤 어려운 일이에요.

나 맞아. '어떤 식을 미분하면 어떤 형태가 될 것인가'를 잘 알지 못하면, 적분 공식을 자유자재로 사용할 수 없어. 거듭제곱, 합, 곱, 상수배라는 '식의 형태'를 알고, 미분했을 때의 '식의 형태'에 대한 변화를 알고 있어야 제대로 적분할 수 있는 거야. 확실히 어려운 일이긴 하지만, 정확하게 적분을 할 수 있으면 아주 즐거워. '식의 형태'를 간파했다는 것을 실감할 수 있으니까 말이야.

테트라 확실히 그렇네요! …아까 선배님은 '적분 공식'을 만들기 위해 '미분 공식'을 사용했잖아요. 그래서 적분을 계산하기 위해 미분에 대한 지식이 필요해진 거예요. 그 부분이 무척…, 신기해요. 미분과 적분은 반대인데 말이죠. 아니, 반대이기 때문에 그런 걸까요?

나 테트라, 나는 가끔 '미분과 적분의 관계'는 '전개와 인수분해의 관계'와 닮았다는 생각이 들어. 어디까지나 어려움과 관련된 이야기지만 말이야.

테트라 네?

나 잘 봐. 예를 들어 $(a+b)^2$을 '전개'하는 건 그렇게 어렵지 않아. $(a+b)$와 $(a+b)$를 곱하면 되니까 열심히 하면 풀 수 있어. 하지만 $a^2+2ab+b^2$의 '인수분해'는 '식의 형태'를 파악하지 못하면 어려운 일이야. 전개보다는 인수분해가 더 어렵지.

테트라 아, 맞아요! 인수분해, 너무 어려워요….

$$(a+b)^2 \underset{\text{인수분해(어려움)}}{\overset{\text{전개(쉬움)}}{\rightleftarrows}} a^2+2ab+b^2$$

나 미분과 적분의 관계도 비슷해. 미분은 열심히 하면 어떻게든 풀 수 있어. 왜냐하면 합의 형태나 곱의 형태라도 미분이 가능하니까. 하지만 적분은 그렇지 않아. 아까 본 것처럼 xe^x이라는 간단한 곱의 꼴조차도 식의 형태를 파악하지 못하면 어찌할 방법이 없지.

$$xe^x - e^x + C \underset{\text{적분(어려움)}}{\overset{\text{미분(쉬움)}}{\rightleftarrows}} xe^x$$

테트라 그렇군요.

나 하지만 감사하게도 '적분은 미분의 역연산'이기 때문에, 미분 공식을 알고 있으면 그 지식을 활용해서 적분 공식을 만들 수 있는 거야.

테트라 네, 아까처럼요!

나 그리고 이건 전개 공식을 알면 그 지식을 활용해서 인수분해 공식을 만들 수 있는 것과 비슷해. 그래서 '미분과 적분의 관계'가 '전개와 인수분해의 관계'와 닮았다고 느껴지는지도 몰라.

테트라 확실히 그래요…. 계산 자체는 전혀 다르지만, 분명 그 두 관계는 비슷하게 느껴져요.

나 그리고 전개와 인수분해의 이야기에서도, 미분과 적분의 이야기에서도, '식의 형태'가 깊게 관여하고 있다는 점이 흥미롭지. '식의 형태'를 파악하는 건 정말 재미있어.

테트라 식의 형태….

미즈타니 선생님 하교할 시간이에요.

사서인 미즈타니 선생님의 말에 우리의 수학 토크는 오늘도 여기서 마무리되었다.

합의 형태. 곱의 형태. 숨어 있는 '식의 모양'을 꿰뚫어 본다면 새로운 세계가 펼쳐질 것이다.

"하나의 적분을 구했을 뿐인데 수많은 것을 발견한다."

곱의 미분,

$$\{f(x)g(x)\}'=f'(x)g(x)+f(x)g'(x)$$

가 성립하는 것을 도형으로 증명해보자.

● 좌변 $\{f(x)g(x)\}'$을 생각하다

먼저, $f(x)g(x)$는 세로가 $f(x)$, 가로가 $g(x)$인 직사각형의 넓이라고 생각한다. 이 넓이는 x의 함수이기 때문에 $\mathrm{S}(x)$로 표기한다. 즉,

$$\mathrm{S}(x)=f(x)g(x)$$

이다.

x가 $\mathrm{h}>0$만큼 증가할 때, 직사각형의 넓이는 $\mathrm{S}(x)$에서 $\mathrm{S}(x+\mathrm{h})$로 증가한다. 직사각형 넓이의 증가분은 $\Delta\mathrm{S}$(델타S)라고 쓴다. 즉,

$$\Delta\mathrm{S}=\mathrm{S}(x+\mathrm{h})-\mathrm{S}(x)$$

가 된다. 여기에서 $\Delta\mathrm{S}$는 하나의 문자로 취급해야 한다. 그렇다면 $\Delta\mathrm{S}$는 아래와 같은 그림으로 나타낼 수 있다.

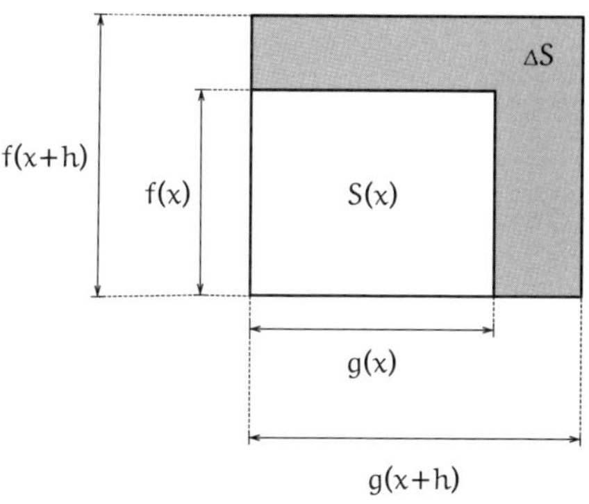

넓이 S(x) 의 증가분을 ΔS라고 한다.

- **우변 $f'(x)g(x)+f(x)g'(x)$를 생각하다**

x에서 $x+\text{h}$로 증가했을 때, $f(x)$ 값의 증가를 Δf라고 하고, $g(x)$ 값의 증가를 Δg라고 한다. 즉,

$$\Delta f = f(x+\text{h}) - f(x)$$

$$\Delta g = g(x+\text{h}) - g(x)$$

가 된다. 여기에서 Δf와 Δg는 각각 하나의 문자로 취급해야 한다.

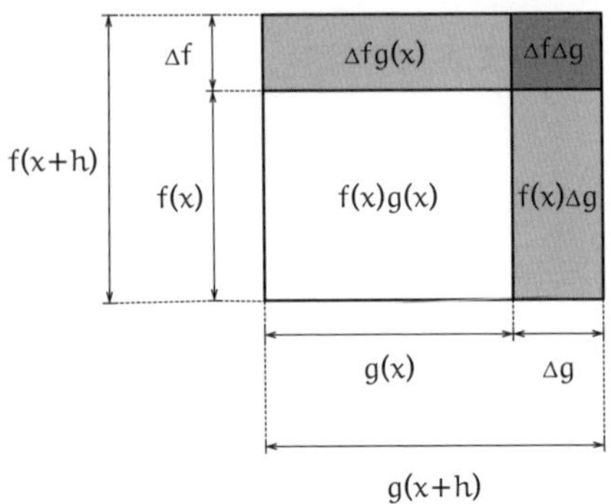

그림에서

$$\Delta S = \underbrace{\Delta f g(x)}_{\text{위쪽}} + \underbrace{f(x)\Delta g}_{\text{오른쪽}} + \underbrace{\Delta f \Delta g}_{\text{오른쪽 위의 모서리}}$$

라는 것을 알 수 있다.

이를 식으로 나타내면

$$S(x+h) - S(x) = \Delta f g(x) + f(x)\Delta g + \Delta f \Delta g$$

이다. 그리고 이 식의 양변을 h로 나누면,

$$\frac{S(x+h)-S(x)}{h}=\frac{\Delta f g(x)}{h}+\frac{f(x)\Delta g}{h}+\frac{\Delta f \Delta g}{h}$$

$$=\frac{f(x+h)-f(x)}{h}\cdot g(x)$$

$$+f(x)\cdot\frac{g(x+h)-g(x)}{h}$$

$$+\frac{f(x+h)-f(x)}{h}\cdot\{g(x+h)+g(x)\}$$

가 된다. 여기에 $h\to0$인 극한을 취하면,

$$\frac{S(x+h)-S(x)}{h}\to S'(x)$$

$$\frac{f(x+h)-f(x)}{h}\cdot g(x)\to f'(x)g(x)$$

$$f(x)\cdot\frac{g(x+h)-g(x)}{h}\to f(x)g'(x)$$

$$\frac{f(x+h)-f(x)}{h}\cdot\{g(x+h)+g(x)\}\to f'(x)\cdot 0=0$$

이 된다. 따라서,

$$S'(x)=f'(x)g(x)+f(x)g'(x)$$

라고 할 수 있다. $S(x)=f(x)g(x)$이므로

$$\{f(x)g(x)\}'=f'(x)g(x)+f(x)g'(x)$$

가 증명되었다.

$f(x)g(x)$라는 직사각형이 확장된 모습을 상상하면 위로 확장된 부분이 $f'(x)g(x)$, 오른쪽으로 확장된 부분이 $f(x)g'(x)$가 된다는 것을 알 수 있다. 따라서 이를 통해

$$\{f(x)g(x)\}'=f'(x)g(x)+f(x)g'(x)$$

라는 곱의 미분인 '식의 형태'를 그릴 수 있다.

제4장의 문제

●●● 문제 4-1 (부정적분의 계산)

①~④의 부정적분을 구하시오.

① $\int (2x+3x^2+4x^3)dx$

② $\int (x^2+e^x)dx$

③ $\int (n+1)!x^n dx$　　　　(n은 양의 정수)

④ $\int (12x^2+34e^x+56\sin x)dx$

힌트 $(-\cos x)' = \sin x$, $(e^x)' = e^x$

(해답은 295쪽에)

●●● 문제 4-2 (곱의 형태)

다음의 부정적분을 구하시오.

$$\int x\cos x\,dx$$

힌트 $(\sin x)' = \cos x$, $(\cos x)' = -\sin x$

(해답은 297쪽에)

●●● 문제 4-3 (곱의 형태)

다음의 부정적분을 구하시오.

$$\int (x^2 + x + 1)e^x dx$$

(해답은 299쪽에)

제5장

원의 넓이를 구하다

"그 공식은 무엇을 나타내고 있을까."

5-1 도서관에서

나 테트라, 그거 무라키 선생님이 주신 카드야?

여기는 고등학교 도서실. 그리고 지금은 방과 후. 책상 앞에 앉은 테트라가 '카드'를 빙글빙글 돌리며 바라보고 있다.

테트라 네. 하지만 아무것도 적혀 있지 않아요….

나 오호….

테트라 게다가 그냥 동그라미만 있어요!

나 동그라미?

나는 테트라에게 '카드'를 건네받았다.

그렇다. 접시처럼 동그랗다.

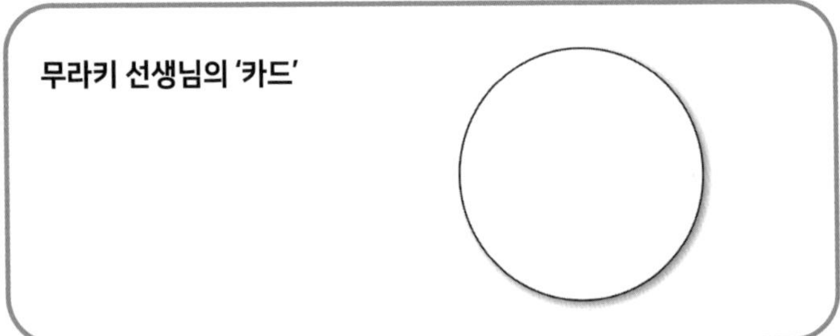

무라키 선생님의 '카드'

나 동그란 '카드'는 처음 아니야?

나는 다시 테트라에게 '카드'를 돌려주며 물었다.

테트라 아무것도 적혀 있지 않아요. 비치는 것도 없고요….

테트라는 두 손으로 '카드'를 받아들었다.

나 아, 테트라! 그것을 그대로, 조금 더 위로….

테트라 네? 이렇게요?

나 응응. 양손으로 들고 머리 위로…. 아, 아니야. 머리 위에 그냥 얹지 말고 머리 위에서 평평하게 만들어서…, 그렇지!!

테트라 이렇게요?

나 응, 그리고 그대로 웃어봐!

테트라 아, 네.

순진한 테트라는 두 손으로 잡은 하얗고 동그란 '카드'를 머리 위에서 수평으로 들고 싱긋 웃었다.

나 그렇지.

테트라 이건…, 어떤 의미가 있나요?

나 그렇게 하면 테트라가 마치 천사 같아서.

테트라 아, 정말! 놀리지 말아요!

나 미안, 미안. 그런데 무라키 선생님이 다른 말씀은 없으셨어?

테트라 아, 네…. 제가 적분과 관련된 리포트를 가지고 갔더니 아무 말 없이 이 카드를 주셨어요.

나 그럼 이건 적분과 관련된 이야기인가보다!

테트라 원을 적분하나요?

나 예를 들면 원의 넓이를 구한다던가?

5-2 원의 넓이

테트라 원의 넓이…는 πr^2이죠?

나 맞아. 원주율을 π(파이)라고 하면, 반지름이 r인 원의 넓이는 πr^2으로 구할 수 있어.

원의 넓이를 구하는 공식

원주율을 π라고 하면, 반지름 r인 원의 넓이 S는

$$S = \pi r^2$$

으로 구할 수 있다.

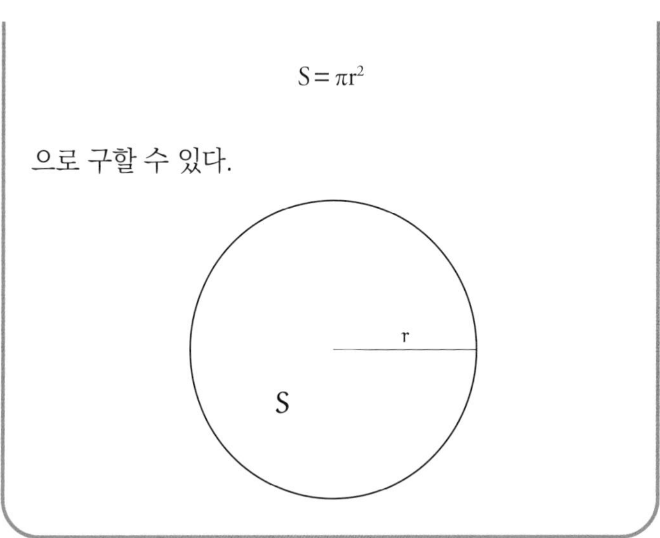

테트라 초등학교에서 배울 때는 원주율을 3.14로 계산했어요.

$$\text{원의 넓이} = \text{반지름} \times \text{반지름} \times 3.14$$

나 맞아. 원주율은 원래

$$3.141592653589793\cdots$$

으로 계속 이어지지만 말이야.

테트라 그러고 보니, 초등학교 때 선생님이 그리셨던 그림이 떠올라요.

나 그림?

테트라 네. 원을 수많은 부채꼴 모양으로 자르고 다시 붙이는 거예요. 마치 둥근 피자를 잘라 늘어놓는 것처럼.

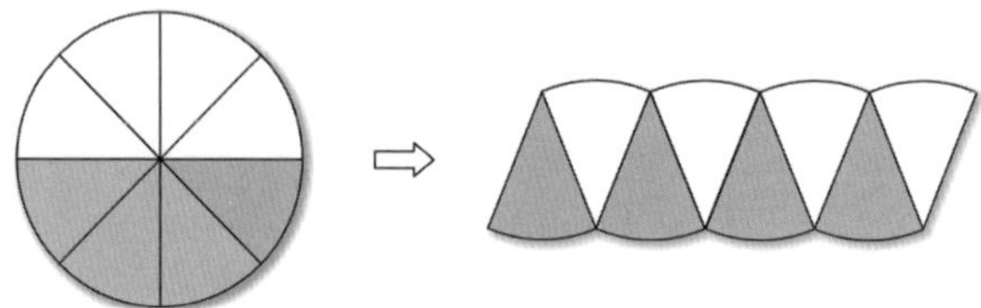

원을 부채꼴 모양으로 자르고 다시 붙인다.

나 아, 나도 생각이 났어.

테트라 부채꼴 모양인 '피자 한 조각'을 점점 더 촘촘하게 만드는 거예요. 그럼 밑변은 '원의 둘레의 절반'에 가까워지고, 높이는 점점 '원의 반지름'에 가까워져요. 그렇게 직사각형의 넓이처럼 원의 넓이를 구하는 거였어요.

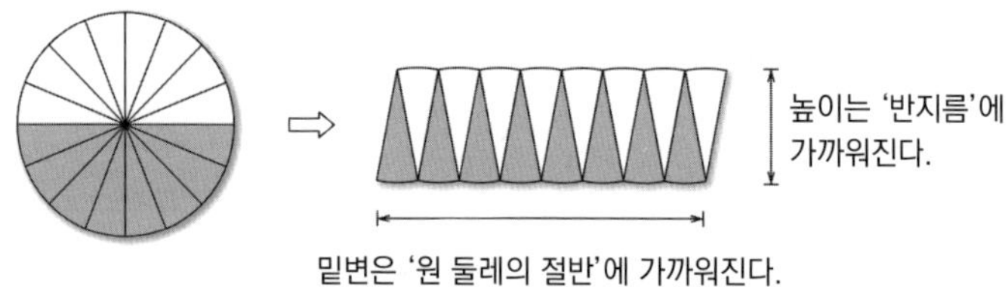

밑변은 '원 둘레의 절반'에 가까워진다.

나 원의 전체 둘레는 $2\pi r$이야. 그러니까 둘레의 절반은 πr이고, 높이가 되는 반지름은 r이니까 원의 넓이는 $\pi r \times r = \pi r^2$

이 되는 거야.

테트라 하지만 이 도형의 '밑변'은 조금 울퉁불퉁해요. 그게 너무 신경이 쓰여요. 아무리 '점점 가까워진다'라는 설명을 들어도…, '이대로 괜찮을까'라는 생각이 들거든요.

나 선생님은 초등학생 눈높이에서 극한을 설명하신 거야.

테트라 극한이라면 또 lim인가요….

나 맞아. 극한은 수학의 이곳저곳에서 등장해. 수열의 극한, 함수의 연속, 함수의 미분, 그리고 적분.

테트라 …….

나 왜?

테트라 혹시 지금이라면, 고등학생인 지금이라면 극한을 사용해서 원의 넓이를 제대로 구할 수 있을까요?

나 응. 극한을 계산하면 분명 πr^2이 될 거야. 그럼 나랑 같이 원의 넓이를 구해볼까?

테트라 좋아요!

5-3 피자를 활용해서

나 그 문제는 이런 형태로 쓸 수 있어.

●●● **문제 ❶ (원의 넓이)**

반지름이 r인 원의 넓이는 πr^2이다. 이를 증명하시오.

(원을 부채꼴로 분할하고 극한을 사용한다.)

테트라 네.

나 피자를 나누는 것처럼 원을 수많은 부채꼴로 나누는 거야. 그리고 '피자 한 조각'을 점점 촘촘하게 만들고 그 극한을 활용해서 원의 넓이를 구하는 거지.

테트라 아하, 그런 작전으로 하는 거군요!

나 극한을 계산한다는 건 피자 전체…, 즉 원을 'n등분'한다는 의미이기도 해.

테트라 n을 크게 할수록 '피자 한 조각'은 점점 세밀해진다…?

나 응, 그렇지. 피자를 n등분했을 때 '피자 한 조각'의 넓이를 구하고, $n \to \infty$의 극한을 생각하는 거야. 아! 생각에 도움이 되도록 넓이에 이름을 붙이는 것도 괜찮겠다. 반지름이 r인 원의 넓이를 S라고 하자. 그리고 '피자 한 조각'의 넓이를 S_n이라고 하는 거야. 즉 $S = nS_n$인 거지.

S	반지름이 r인 원의 넓이
S_n	반지름이 r인 원을 n등분한 부채꼴의 넓이

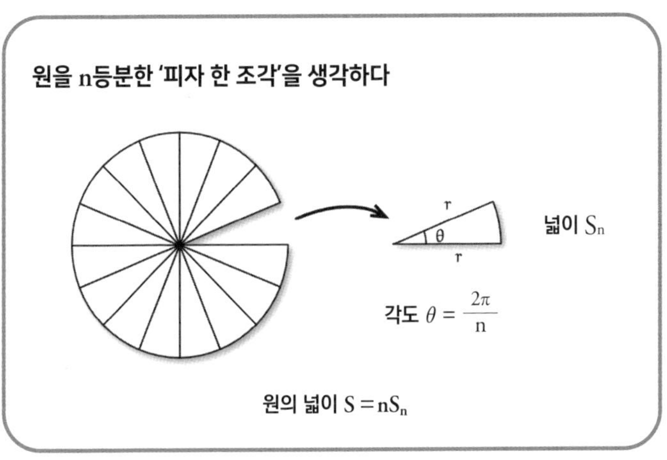

테트라 정말로 피자 같네요.

나 부채꼴의 중심각을 θ(세타)라디안이라고 하자. 둥글게 한 바퀴를 돈 각도는 2π라디안이니까, n등분을 하면

$$\theta = \frac{2\pi}{2}$$

가 되는 거지.

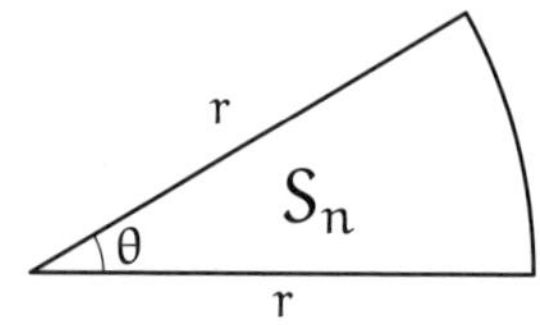

테트라 네.

나 부채꼴의 각도는 $\theta = \frac{2\pi}{2}$로 괜찮지만 부채꼴의 넓이를 $S_n = \frac{\pi r^2}{n}$으로 하면 안 되는데…, 이거 이해하겠어?

테트라 네? 하지만 $S = nS_n$이잖아요? 그럼 $S_n = \frac{S}{n}$가 아닌가요?

나 $S_n = \frac{S}{n}$는 괜찮아. 하지만 $S_n = \frac{\pi r^2}{n}$은 안 돼. 왜냐하면 우리가 증명하고 싶은 $S = \pi r^2$을 먼저 얘기하게 되기 때문이야.

테트라 아아…, 그건 그렇네요.

나 우리는 '원의 넓이'를 '부채꼴의 넓이'에서 구하려고 하고 있어. 그런데 '부채꼴의 넓이'를 '원의 넓이'에서 구해버리면 논점 선취가 되고 말아.

테트라 논점 선취가 뭐예요?

나 논점 선취는 앞으로 증명하려는 주장 그 자체를 미리 취해서 증명의 근거로 삼아버리는 오류를 말해. 결론이 한 바퀴 돌아 전제가 되어버리기 때문에, 순환논법이라고 부르기도 하고.

테트라 그렇군요.

나 우리는 원의 넓이를 구하기 위해 극한을 생각할 거야. 이때 사용하는 기술이 바로 '샌드위치 정리'지. 마치 '피자 한 조각'인 부채꼴을 누르는 듯한 '두 개의 도형'을 찾는 거지.

테트라 두 개의 도형…?

나 부채꼴보다 작은 도형과 큰 도형, 두 개. 그 두 도형의 넓이를 사용해서 부채꼴의 넓이를 '샌드위치 정리'하는 거야. '작은 도형'의 넓이를 L_n이라고 하고, '큰 도형'의 넓이를 M_n이라고 하면,

$$L_n < S_n < M_n$$

라는 부등식이 만들어져.

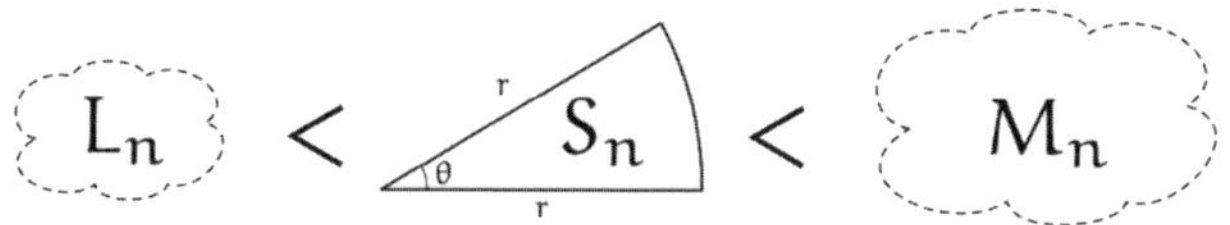

테트라 아하…! '작은 도형'은 알 것 같아요. 피자 조각의 오른쪽 끝부분을 잘라낸 직각삼각형도 괜찮죠?

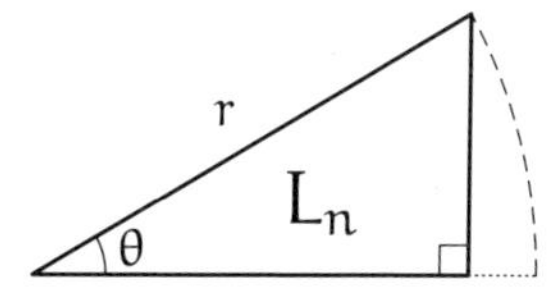

나 응, 괜찮아! 그 삼각형의 넓이를 L_n이라고 하자. 그럼 L_n은 바로 구할 수 있겠지?

테트라 저도 알아요! 빗변이 r인 직각삼각형에, 각도가 θ니까 밑변은 $r\cos\theta$, 높이는 $r\sin\theta$네요.

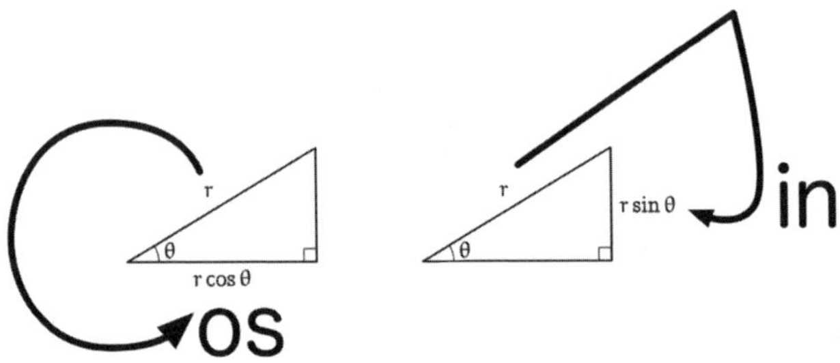

넓이는……

$$
\begin{aligned}
L_n &= \frac{1}{2} \times \text{밑변} \times \text{높이} \\
&= \frac{1}{2} \cdot r\cos\theta \cdot r\sin\theta \\
&= \frac{r^2}{2} \cdot \cos\theta \cdot \sin\theta
\end{aligned}
$$

…인 거죠!

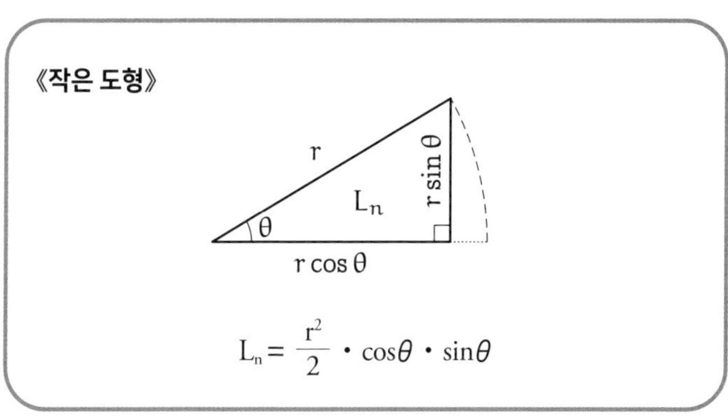

나 맞았어. '작은 도형'은 이걸로 준비 완료. S_n을 '샌드위치 정리'하는 '큰 도형'은 찾았니? 넓이를 M_n이라 하고

$$L_n < S_n < M_n$$

가 되도록 끼워야 하는데.

테트라 그럼 예를 들어…, 부채꼴의 오른쪽 윗부분을 늘려서 이런 삼각형을 만들면 어떨까요?

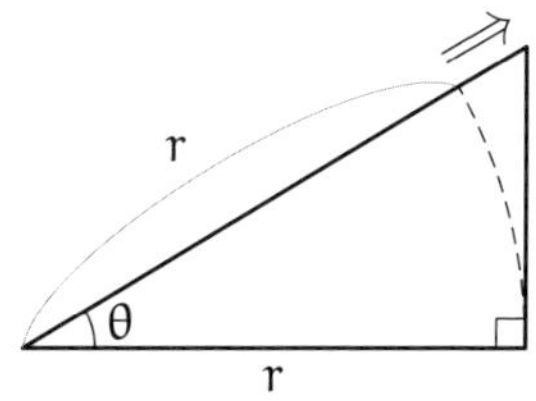

나 좋은 생각이야. 이 직각삼각형은 밑변의 길이가 r이고, 높이는….

테트라 높이는 r$\tan\theta$예요!

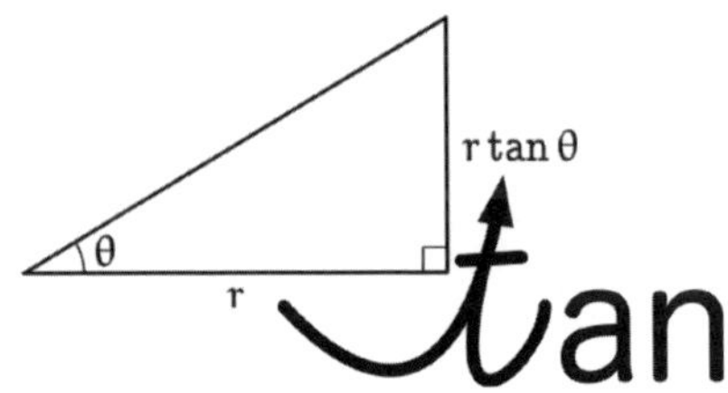

그러니까 넓이는,

$$M_n = \frac{1}{2} \cdot r \cdot r\tan\theta$$
$$= \frac{r^2}{2} \cdot \tan\theta$$

가 되네요!

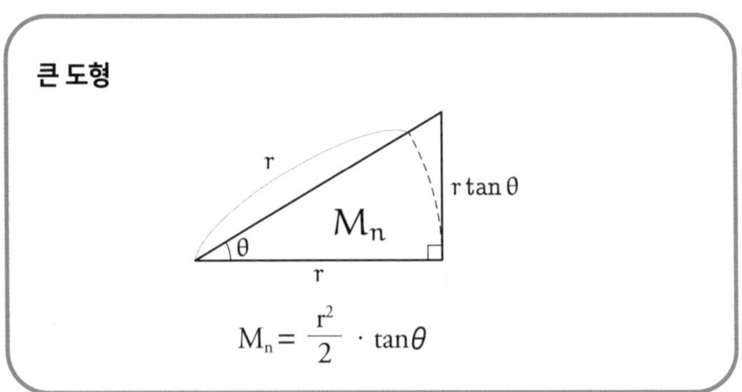

$$M_n = \frac{r^2}{2} \cdot \tan\theta$$

나 이렇게 부등식의 정리가 끝났어.

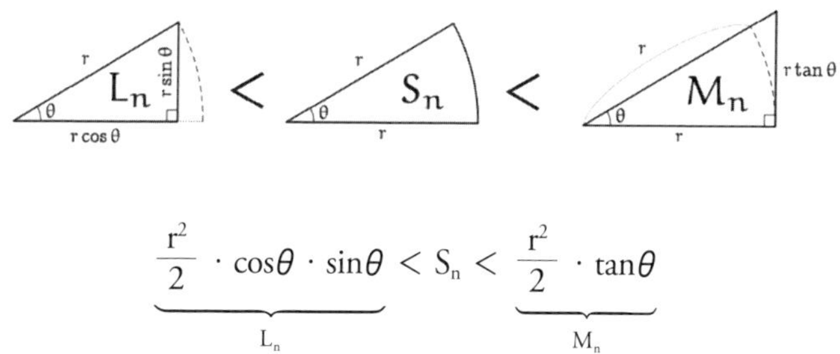

$$\underbrace{\frac{r^2}{2}\cdot\cos\theta\cdot\sin\theta}_{L_n} < S_n < \underbrace{\frac{r^2}{2}\cdot\tan\theta}_{M_n}$$

테트라 네. 드디어 '샌드위치 정리'가 완성되었어요! 이제 $n \to \infty$인 극한을 취해서, L_n과 M_n이 같아지면 되는 거네요!

테트라는 두 손을 가슴 앞에 모으며 손뼉을 쳤다.

나 응? 아니야, 테트라. 그렇지 않아. 그대로 극한을 취하면 L_n, S_n, M_n은 전부 0으로 수렴해서 끝나버려.

테트라 네?

나 지금은 '피자 한 조각'을 보고 있기 때문에 이대로 촘촘해지면 넓이는 0으로 수렴되어 끝이야. 극한을 취하기 전에 '피자 한 조각'을 n개 모아 원을 만들지 않으면 안 되는 거지.

테트라 아, 그렇군요!

나 과정이 좀 복잡해도 그냥 n배를 하면 되는 거지만.

$L_n < S_n < M_n$	《샌드위치 정리》
$nL_n < nS_n < nM_n$	n배를 한다.
$nL_n < S_n < nM_n$	$S = nS_n$이다.
$\frac{nr^2}{2} \cdot \cos\theta \cdot \sin\theta < S_n < \frac{nr^2}{2} \cdot \tan\theta$	L_n과 M_n을 바꾸어 적는다.

테트라 네! 이제 $n \to \infty$인 극한을 취하면 되죠?

●●● **문제 ❶-a (원의 넓이, 문제 1의 변형)**

부등식 $nL_n < S < nM_n$ 에서 '샌드위치 정리'를 한다.

$n \to \infty$일 때,

$$nL_n \to \pi r^2$$

$$nM_n \to \pi r^2$$

을 증명해 보자. 단,

$$\theta = \frac{2\pi}{n}$$

$$nL_n = \frac{nr^2}{2} \cdot \cos\theta \cdot \sin\theta$$

$$nM_n = \frac{nr^2}{2} \cdot \tan\theta$$

이다.

5-4 nL_n의 극한

나 먼저 $n \to \infty$일 때, nL_n의 극한부터 생각해보자.

●●● 문제 ❷ (nL_n의 극한)

$n \to \infty$ 에서,

$$nL_n = \frac{nr^2}{2} \cdot \cos\theta \cdot \sin\theta$$

의 극한값을 구하라. 단,

$$\theta = \frac{2\pi}{n}$$

이다.

테트라 …그러면 선배님, 이제 뭘 어떻게 생각해야 하나요?

나 nL_n의 극한을 구하는 거니까, $\frac{nr^2}{2}$과 $\cos\theta$, 그리고 $\sin\theta$의 극한을 각각 조사해야 해. $\cos\theta$를 n으로 나타내면 $\cos\frac{2\pi}{n}$가 되지. 그런데 테트라, 극한에 대해 어느 정도 알고 있니?

테트라 음. 아주 기본적인 내용은 알고 있어요…. 예를 들어 $n \to \infty$일 때, $\frac{1}{n}$이 된다는 것 정도!

나 그럼 $n \to \infty$일 때, $\cos\frac{2\pi}{n}$의 극한값은 알아?

테트라 네, 알아요. $n \to \infty$일 때, $\frac{1}{n} \to 0$이니까

$$n \to \infty \text{일 때, } \frac{2\pi}{n} \to 0$$

…맞죠?

나 정답이야.

테트라 $n \to \infty$에서 $\cos\frac{2\pi}{n}$의 극한값은 $\theta \to 0$일 때 $\cos\theta$의 극한값과 같아지기 때문에

$$n \to \infty \text{일 때, } \cos\frac{2\pi}{n} \to 1$$

아닌가요?

나 응, 맞아. 반지름이 1인 원을 생각하면 이해하기 쉬워. 원둘레의 점의 좌표는 $(\cos\theta, \sin\theta)$라고 나타내고 θ를 0에 가깝게 한다면, 원둘레의 위에 있는 점은 (1, 0)에 가까워지는 거지.

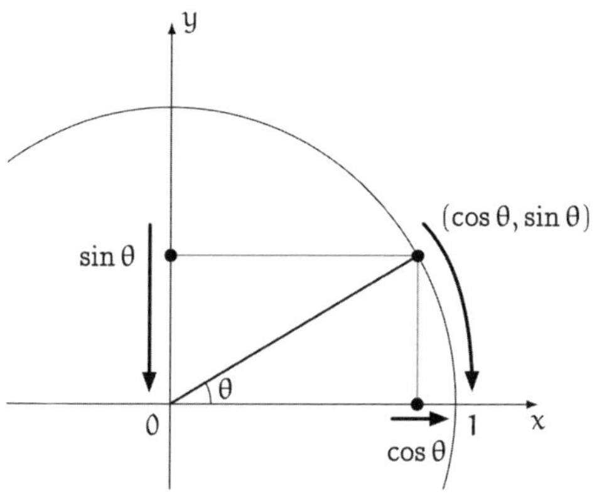

θ를 0에 가깝게 했을 때의 모습

테트라 그렇군요.

나 다시 말하면,

$$\theta \to 0\text{일 때, } \cos\theta \to 1$$

$$\theta \to 0\text{일 때, } \sin\theta \to 0$$

이기 때문에,

$$n \to \infty\text{일 때, } \cos\frac{2\pi}{n} \to 1$$

$$n \to \infty\text{일 때, } \sin\frac{2\pi}{n} \to 0$$

이 된다고 하면 좋겠지만, 문제는 지금부터야. $n \to \infty$일 때, nL_n은 어떻게 될까? 식을 잘 봐.

$$nL_n = \frac{nr^2}{2} \cdot \cos\theta \, \frac{2\pi}{n} \cdot \sin\theta \, \frac{2\pi}{n}$$

테트라 $\cos\theta \, \frac{2\pi}{n}$는 1에 수렴하고, $\sin\theta \, \frac{2\pi}{n}$는 0으로 수렴하니까 그 곱은 0으로 수렴하지 않을까요?

나 테트라는 앞에 있는 $\frac{nr^2}{2}$을 놓치고 있어.

$$\underbrace{\frac{nr^2}{2}}_{\infty\text{로 발산}} \cdot \underbrace{\cos\theta \frac{2\pi}{n}}_{1\text{로 수렴}} \cdot \underbrace{\sin\theta \frac{2\pi}{n}}_{0\text{으로 수렴}}$$

테트라 그럼 $\infty \times 1 \times 0$이니까 무한대가 되어버리나요? 아니, 아니죠. 0을 곱하니까 0이 되는 건가? 뭐죠?

5-5 '$\infty \times 0$'의 패턴

나 자, 이제부터가 핵심이야. 극한의 계산에서 어려운 패턴 중 하나가 바로 이거야. 극한을 구하려고 하는데, '∞로 발산'하는 식과 '0으로 수렴'하는 식을 곱하는 형태라면, 이 상태로는 극한을 생각할 수 없어. 이 패턴을 상징적으로,

$$`\infty \times 0'$$

이라고 말하기도 해. 이대로는 극한이 어떻게 되는지 몰라. 그래서 극한을 알 수 있도록 식을 변형할 필요가 있지.

테트라 '$\infty \times 0$'이면 극한값을 알 수 없군요.

나 극한값을 알 수 없는 것뿐만 아니야. 극한이 어떻게 되는지 알 수 없어. 일단 극한에는 수렴과 발산이 있고, 그중 극한값이 결정되는 경우는 수렴할 때밖에 없으니까.

'$\infty \times 0$'의 패턴에서는 애초에 발산할지도 몰라. 이렇게 한 번 정리를 해보자.

- 수렴
- 발산
  - 양의 무한대 발산
  - 음의 무한대 발산
  - 진동

테트라 아하….

나 그리고 '$\infty \times 0$'의 패턴 말고도 '$\frac{0}{0}$'이라는 패턴도 조심해야 해. 분자와 분모가 모두 0으로 수렴한다면, 분수가 어떤 극한값을 갖는지 모를 뿐더러 애초에 수렴하는지, 아닌지조차 알 수 없기 때문이야.

테트라 그렇군요.

테트라는 노트에 빠르게 메모했다.

나 그럼, nL_n을 변형해볼게.

$$
\begin{aligned}
nL_n &= \frac{nr^2}{2} \cdot \cos\theta \cdot \sin\theta \\
&= \frac{nr^2}{2} \cdot \cos\frac{2\pi}{n} \cdot \sin\frac{2\pi}{n} && \theta = \frac{2\pi}{n} \\
&= r^2 \cdot \frac{n}{2} \cdot \cos\frac{2\pi}{n} \cdot \sin\frac{2\pi}{n} && \text{분수의 } r^2\text{을 나눈다.} \\
&= \pi r^2 \cdot \frac{n}{2\pi} \cdot \cos\frac{2\pi}{n} \cdot \sin\frac{2\pi}{n} && \frac{n}{2\pi}\text{을 만든다.} \\
&= \pi r^2 \cdot \cos\frac{2\pi}{n} \cdot \frac{\sin\frac{2\pi}{n}}{\frac{2\pi}{n}}
\end{aligned}
$$

테트라 앗! 마지막은 어떻게 식을 변형했나요?

나 따라오기 어려웠구나. 분모에 $\frac{2\pi}{n}$를 가지고 온 거야. 아래와 같은 식의 형태를 만들기 위한 변형인 거지.

$$\frac{\sin\frac{2\pi}{n}}{\frac{2\pi}{n}}$$

테트라 아…, 죄송해요. 이해를 못 하겠어요.

나 θ로 나타내면 조금 더 이해하기 쉬울지도 모르겠다. $\theta = \frac{2\pi}{n}$이니까 $n = \frac{2\pi}{\theta}$를 사용해서 n을 없애자.

$$
\begin{aligned}
nL_n &= \frac{nr^2}{2} \cdot \cos\theta \cdot \sin\theta && L_n\text{을 적는다.} \\
&= \frac{2\pi}{\theta} \cdot \frac{r^2}{2} \cdot \cos\theta \cdot \sin\theta && n = \frac{2\pi}{\theta}\text{를 사용한다.} \\
&= \pi r^2 \cdot \frac{1}{\theta} \cdot \cos\theta \cdot \sin\theta && \text{약분해서 정리한다.} \\
&= \pi r^2 \cdot \cos\theta \cdot \frac{\sin\theta}{\theta}
\end{aligned}
$$

테트라 아아, 이해했어요.

나 결국 이렇게 되는 거지.

$$nL_n = \pi r^2 \cdot \cos\theta \cdot \frac{\sin\theta}{\theta} \quad \cdots\cdots\cdots\cdots\cdots \heartsuit$$

테트라 식의 변형은 알겠는데, 무엇을 위해 이렇게 식을 변형하는지 잘 모르겠어요….

나 이 식의 변형에서는

$$\frac{\sin\theta}{\theta}$$

라는 형태를 만들려고 했어. 왜냐하면,

$$\theta \to 0\text{일 때, } \frac{\sin\theta}{\theta} \to 1$$

이 된다는 사실을 알고 있기 때문이야. 마찬가지로,

$$\lim_{\theta \to 0} \frac{\sin\theta}{\theta} = 1$$

을 써도 괜찮아. 이 극한을 사용하고 싶었기 때문에

$$\frac{\sin\theta}{\theta}\text{를 만든다}$$

라는 식의 변형을 한 거야.

테트라 …….

나 지금은 θ라고 썼지만, 이제 θ를 $\frac{2\pi}{n}$로 바꿔 적고, $\theta \to 0$대신에 $n \to \infty$를 생각하는 거야. 그러면,

$$n = \infty\text{ 일 때, } \frac{\sin\frac{2\pi}{n}}{\frac{2\pi}{n}} \to 1$$

이라는 식이 만들어져. 물론 이 식은

$$\lim_{n\to\infty}\frac{\sin\frac{2\pi}{n}}{\frac{2\pi}{n}}=1$$

이라고도 쓸 수 있지.

극한의 공식

$$\lim_{\theta\to 0}\frac{\sin\theta}{\theta}=1$$

5-6 '$\frac{0}{0}$'의 패턴?

테트라 $\frac{\sin\theta}{\theta}$라는 식의 형태를 만들려는 선배님의 마음은 알겠는데요…. 하지만 이번에는 도저히 이해할 수 없는 부분이 생겼어요. 제가 좀 집요해서 죄송해요?

나 집요하다니, 전혀 그렇지 않아. 어떤 부분이 이해하기 어렵니?

테트라 아까 선배님이 '$\frac{0}{0}$'의 패턴도 조심하라고 말했었잖아요(243쪽). 하지만 여기에 나오는 $\frac{\sin\theta}{\theta}$도 '$\frac{0}{0}$'의 패턴이 아닌가요?

테트라는 노트를 되돌아보며 말했다.

나 음. 그렇게 생각할 수도 있지.

테트라 $\theta \to 0$이라는 극한을 생각해볼게요. 그때 $\theta \to 0$이고, $\sin\theta \to 0$이니까요.

나 응, 그건 맞아.

테트라의 의문

$$\theta \to 0\text{일 때,}\quad \theta \to 0$$

$$\theta \to 0\text{일 때,}\quad \sin\theta \to 0$$

$$\theta \to 0\text{일 때,}\quad \frac{\sin\theta}{\theta} \to ?$$

테트라 네. $\frac{\sin\theta}{\theta}$는 역시 '$\frac{0}{0}$'의 패턴이에요! 그런데도 이걸 공식이라고 말할 수 있나요?

나 있지, '$\frac{0}{0}$'이라는 패턴은 수렴하지 않는다! 그런 말이 아니야. '$\frac{0}{0}$'의 패턴이 나오면 그 극한은 아직 알지 못해. 그래서 일단 잠시 멈추고 그 패턴이 수렴하는지, 발산하는지를 주의 깊게 조사해야만 한다는 거야.

테트라 아하….

나 예를 들어, $\theta \to 0$일때,

$$\frac{2\theta^2}{3\theta}$$

의 극한을 생각해보자. $\theta \to 0$이라면, 분모도 분자도 0으로 수렴하기 때문에 '$\frac{0}{0}$'의 패턴이지?

테트라 하지만, θ로 약분할 수 없나요?

나 그렇지. 분모와 분자의 θ를 한 개씩 제거해서

$$\frac{2\theta^2}{3\theta} = \frac{2\theta}{3}$$

가 되지. 여기에서 $\theta \to 0$일 때,

$$\frac{2\theta}{3} \to 0$$

이 되는 거야. '$\frac{0}{0}$'의 패턴이지만, 자세히 살펴보면 극한값은 0이라는 사실을 알 수 있지.

$$\lim_{\theta \to 0} \frac{2\theta^2}{3\theta} = \lim_{\theta \to 0} \frac{2\theta}{3} = 0$$

이라는 거야.

테트라 그렇군요. '$\frac{0}{0}$'의 패턴이라도 괜찮은 경우가 있네요.

그럼 마찬가지로

$$\theta \to 0\text{일 때, } \frac{\sin\theta}{\theta} \to 1$$

이 된다는 말인가요? 자세히 보면 1로 수렴한다…?

나 바로 그거지. 이런 수렴은 극한과 관련된 문제에 무척이나 자주 등장하고 있어. 그러니까 $\frac{\sin\theta}{\theta} \to 1$은 극한의 공식으로 외워두는 게 좋아.

5-7 $\frac{\sin\theta}{\theta} \to 1$의 의미

테트라 음, 여기까지는 알겠어요. 하지만 저는 그냥

$$\theta \to 0\text{일 때, } \frac{\sin\theta}{\theta} \to 1$$

이라는 의미가 잘 이해가 가지 않아요.

$$\lim_{\theta \to 0} \frac{\sin\theta}{\theta} = 1$$

이라는 식의 의미가…, 빠르게 이해하지 못해 죄송해요.

나 아냐, 아냐. 이렇게 끝까지 파고드는 테트라의 태도가 아주 중요하다고 생각해. 자,

$$\lim_{\theta \to 0} \frac{\sin\theta}{\theta} = 1$$

이라는 등식의 '수학적 주장'은 이와 같아. θ를 0에 가깝게 하면

$$\frac{\sin\theta}{\theta}$$

라는 식의 값은 한없이 1에 가까워질 수 있다.

테트라 네, 그건 아마도 이해한 것 같아요. 저는 한 단계 더 앞을 알고 싶은 거예요. $\frac{\sin\theta}{\theta}$를 1에 한없이 가깝게 할 수 있다는 건 도대체 어떠한 의미인가요?

나 그렇구나…, 음. '$\sin\theta$와 θ의 비율'의 극한값이 1이라는 의미야. θ를 0에 가깝게 한다면,

$\sin\theta$와 θ를 한없이 가깝게 할 수 있다

라는 의미가 되겠지.

테트라 …….

나 일단 $\frac{\sin\theta}{\theta}$에서 잠시 떨어져서, 더 간단한 예를 생각해볼까? 예를 들어,

$$\frac{2\theta+3\theta^2}{2\theta}$$

이라는 식을 생각해보자. 이것은 $2\theta+3\theta^2$과 2θ라는 두 식의 비율이야. $\theta \to 0$의 극한을 생각하면….

테트라 네. $\theta \to 0$일 때,

$$2\theta+3\theta^2 \to 0$$
$$2\theta \to 0$$

이기 때문에 '$\frac{0}{0}$'의 패턴이 되죠. 하지만, $\frac{2\theta+3\theta^2}{2\theta}$은 약분할 수 있어요.

나 맞아. 약분을 하면,

$$\begin{aligned}\lim_{\theta\to 0}\frac{2\theta+3\theta^2}{2\theta} &= \lim_{\theta\to 0}\frac{2+3\theta}{2}\\ &= \frac{2}{2}\\ &= 1\end{aligned}$$

이라고 할 수 있어.

테트라 그리고…?

나 그렇다는 것은 $\frac{2\theta+3\theta^2}{2\theta}$이라는 식의 값은 어디까지나 1에 가까워질 수 있다는 의미야.

테트라 …아하.

나 다시 말하면, $2\theta+3\theta^2$과 2θ는 한없이 가까워질 수 있다는 말이지.

테트라 그렇군요. 조금은 알 것 같기도 해요.

나 여기에서 조금 전 공식을 다시 한 번 살펴보자.

$$\lim_{\theta\to 0}\frac{\sin\theta}{\theta}=1$$

테트라 분수의 극한값이 1이기 때문에, $\sin\theta$와 θ는 얼마든지 가까워질 수 있다… 라는 말인가요?

나 그렇지! 이 공식,

$$\lim_{\theta\to 0}\frac{\sin\theta}{\theta}=1$$

은 우리에게 $\sin\theta$와 θ의 크기의 관계를 알려주고 있어. θ를 0에 가깝게 하면 $\sin\theta$와 θ는 한없이 가까워질 수 있다는 거야. 아, 그렇지! '피자 한 조각'을 그려보자. 지름이 1인 원에서, 각도가 θ라디안인 부채꼴은 호의 길이가 θ가 되기 때문에, θ가 0에 가까워질 때 $\sin\theta$와 θ가 점점 가까워지는 모습을 상상할 수 있어.

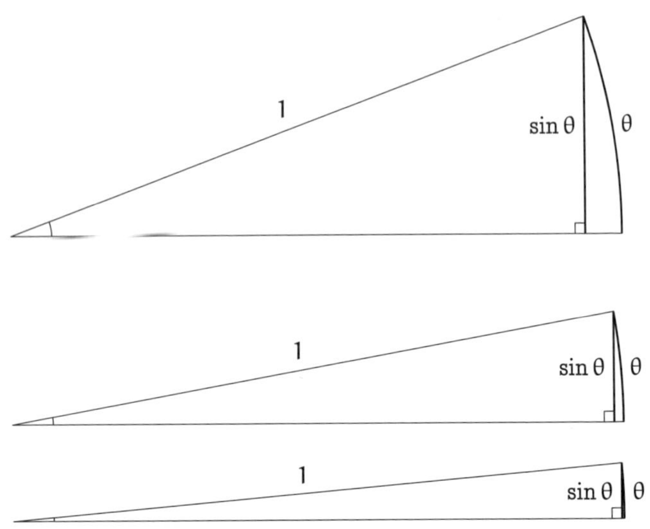

θ를 0에 가까이 하여 $\sin\theta$와 θ가 점점 가까워지는 모습.

테트라 그렇군요! 그림으로 생각하니 개운해지네요!

5-8 원의 넓이로

나 이제 개운해졌으니 다시 원의 넓이에 대한 이야기로 돌아가 보자.

●●● **문제 ❶-a (원의 넓이, 문제 1의 변형) (다시 게시)**

부등식 $nL_n < S < nM_n$에서 '샌드위치 정리'를 한다.

$n \to \infty$일 때,

$$nL_n \to \pi r^2$$
$$nM_n \to \pi r^2$$

을 증명하여라. 단,

$$\theta = \frac{2\pi}{n}$$
$$nL_n = \frac{nr^2}{2} \cdot \cos\theta \cdot \sin\theta$$
$$nM_n = \frac{nr^2}{2} \cdot \tan\theta$$

이다.

테트라 결국 nL_n은 이렇게 되죠….

$$nL_n = \pi r^2 \cdot \cos\theta \cdot \frac{\sin\theta}{\theta} \quad \text{(245쪽의 ♡에서)}$$

…이제 확실해지네요. 선배님이 말한 $\frac{\sin\theta}{\theta}$라는 식의 형태

가 나오고 있어요.

나 그렇지? 그러면 테트라, nL_n의 식에서 πr^2을 찾을 수 있니?

테트라 네, πr^2이…. 앗, 이건 원의 넓이?!

$$nL_n = \boxed{\pi r^2} \cdot \cos\theta \cdot \frac{\sin\theta}{\theta}$$

나 에이, 그렇게 놀랄 일은 아니야. 원의 넓이 πr^2은 어딘가에 반드시 등장하니까 말이야.

테트라 그, 그렇죠. 극한이나 sin에서…. 아, 제 머리는 이미 쉴 틈 없이 빙글빙글 돌고 있어요.

나 여기까지 했으면, 이제 $n \to \infty$의 극한값도 알 수 있어.

$$\underbrace{\pi r^2}_{\pi r^2\text{으로 수렴}} \cdot \underbrace{\cos\frac{2\pi}{n}}_{1\text{로 수렴}} \cdot \underbrace{\frac{\sin\frac{2\pi}{n}}{\frac{2\pi}{n}}}_{1\text{로 수렴}}$$

테트라 모두 다 수렴하네요.

나 이렇게 $n \to \infty$일 때, $nL_n \to \pi r^2$이라는 결과를 얻을 수 있지. nL_n의 극한값은,

$$\lim_{n\to\infty} nL_n = \pi r^2 \times 1 \times 1 = \pi r^2$$

이라는 걸 알았어. $nL_n < S_n < nM_n$ 이라는 부등식에서 $nL_n < S_n$ 는 이걸로 오케이!

●●● 해답 ❷ nL_n의 극한

$n \to \infty$ 일때

$$nL_n \to \pi r^2$$

이 된다.

테트라 '샌드위치 정리'의 한쪽은 작전 종료….

나 맞아. $nL_n < S$가 성립하면서, $n \to \infty$일 때 $nL_n \to \pi r^2$이라는 사실을 알았어. 그다음은….

테트라 이제 $nM_n \to \pi r^2$만 남았네요!

나 응, 그렇게 '샌드위치 정리'가 완성되는 거야.

5-9 nM_n 의 극한

테트라 nM_n의 극한도 똑같이 계산하면 되나요?

나 그렇지. 이것도 $\lim_{\theta \to 0} \frac{\sin\theta}{\theta} = 1$을 사용할 거야.

••• **문제 ❸ (nM_n의 극한)**

$n \to \infty$ 일 때,

$$nM_n = \frac{nr^2}{2} \cdot \tan\theta$$

의 극한값을 구하시오. 단,

$$\theta = \frac{2\pi}{n}$$

이다.

테트라 $\tan\theta$에도 $\lim_{\theta \to 0} \frac{\sin\theta}{\theta} = 1$과 같은 극한의 공식이 있나요?

나 tan의 정의를 생각하면 알 수 있어.

테트라 tan의 정의는

$$\tan\theta = \frac{\sin\theta}{\cos\theta}$$

인데….

나 그것을 사용해서 nM_n을 sin과 cos으로 나타내보자.

테트라 네, 순서대로 해볼게요.

$$\begin{aligned} nM_n &= \frac{nr^2}{2} \cdot \tan\theta \\ &= \frac{nr^2}{2} \cdot \frac{\sin\theta}{\cos\theta} \end{aligned}$$

나 그리고….

테트라 저 혼자서도 할 수 있어요! $\sin\theta$와 θ니까 $\frac{\sin\theta}{\theta}$라는 식의 형태를 만드는 거죠? $\theta = \frac{2\pi}{n}$니까 분모에 $\frac{2\pi}{n}$를 가지고 와서….

$$\begin{aligned} nM_n &= \frac{nr^2}{2} \cdot \tan\theta \\ &= \frac{nr^2}{2} \cdot \frac{\sin\theta}{\cos\theta} \\ &= \frac{r^2}{2} \cdot n \cdot \frac{\sin\theta}{\cos\theta} \\ &= \pi r^2 \cdot \frac{n}{2\pi} \cdot \frac{\sin\theta}{\cos\theta} \\ &= \pi r^2 \cdot \frac{1}{\frac{2\pi}{n}} \cdot \frac{\sin\theta}{\cos\theta} \\ &= \pi r^2 \cdot \frac{1}{\theta} \cdot \frac{\sin\theta}{\cos\theta} \\ &= \pi r^2 \cdot \frac{\sin\theta}{\theta} \cdot \frac{1}{\cos\theta} \end{aligned}$$

나 완성했구나!

테트라 네! 아까 선배님이 했던 식의 변형과 거의 비슷하지만요…. 여기에서 $n \to \infty$일 때, $\theta \to 0$이니까 이런 식이 만들어져요.

$$\underbrace{\pi r^2}_{\pi r^2\text{으로 수렴}} \cdot \underbrace{\frac{\sin\theta}{\theta}}_{1\text{로 수렴}} \cdot \underbrace{\frac{1}{\cos\theta}}_{1\text{로 수렴}}$$

나 좋았어!

테트라 따라서 $nM_n \to \pi r^2$ 이네요!

나 그렇지!

●●● 해답 ❸ (nM_n의 극한)

$n \to \infty$ 일때

$$nM_n \to \pi r^2$$

이 된다.

나 이걸로 '샌드위치 정리'를 완성했어!

●●● 해답 ❶-a (원의 넓이)

반지름이 r인 원을, 중심각이 $\frac{2\pi}{n}$가 되도록 n개의 부채꼴로 나누고 그 넓이를 S_n이라고 하자.

두 개의 직각삼각형

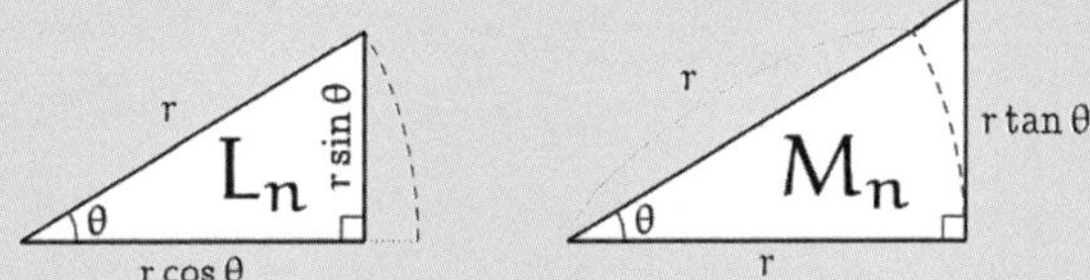

에서 L_n, S_n, M_n 의 사이에는

$$L_n < S_n < M_n$$

라는 대소 관계가 성립한다.

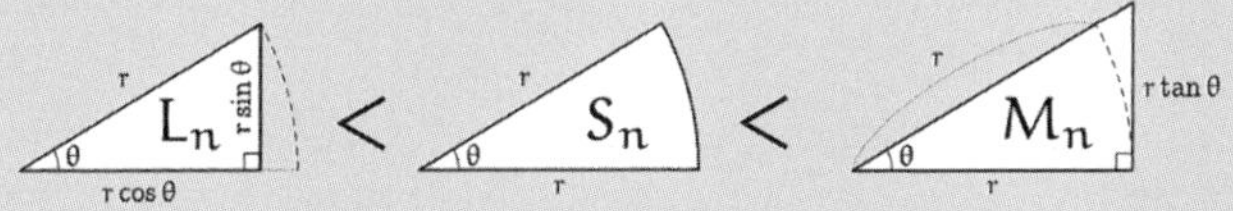

각 값을 n배하면

$$nL_n < nS_n < nM_n$$

가 성립하며, 특히 S_n은 원의 넓이 S와 같다. 따라서

$$n \to \infty \text{ 일때 } nL_n \to \pi r^2$$

$$n \to \infty \text{ 일때 } nM_n \to \pi r^2$$

이므로 원의 넓이는 πr^2이라고 말할 수 있다.

(증명 끝)

테트라 초등학교에서 배웠던 원의 넓이를 구하는 공식은…, $n \to \infty$일 때의 극한을 생각했던 거네요!

나 눈치챘구나! 이걸로 테트라의 의문은 해소….

나 아, 저기…, 죄송해요. 원의 넓이 공식은 이해했어요. 하지만…, 질문이 하나 더 있어요. 아까 극한의 공식,

$$\lim_{\theta \to 0} \frac{\sin\theta}{\theta} = 1$$

은 어떻게 성립하는 거죠?

나 테트라….

테트라 $\frac{\sin\theta}{\theta}$는 약분할 수 있는 것도 아니고요….

나 테트라는 끝까지 파고드는 구나! 그 공식도 '샌드위치 정리'

를 사용해서 생각하는 건데…….

(문제 5-3 $\frac{\sin\theta}{\theta}$의 극한 [265쪽] 참고.)

미즈타니 선생님 하교할 시간이에요.

미즈타니 선생님의 말에 오늘의 수학 이야기는 이렇게 마무리되었다.

우리는…,

초등학생 때부터 극한과 만나고 있었다.

그리고 지금도 극한을 통해 무한을 바라본다.

'적분을 배우는 여행'도 다시, 끝없이 이어진다.

"이 공식은 어디에서 탄생한 것일까."

제5장의 문제

••• 문제 5-1 (《샌드위치 정리》를 확인하다)

본문(261쪽)에서는 부채꼴을 직각삼각형으로 '샌드위치 정리'하는 부등식을 아래와 같은 그림으로 나타냈다.

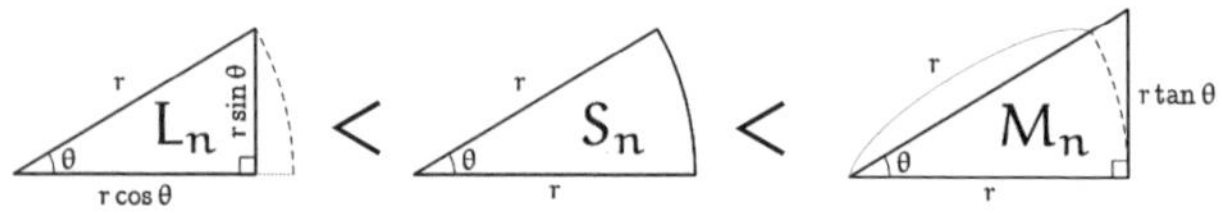

n = 12일 때, 직각삼각형을 n개씩 모아 원을 '샌드위치 정리'하는 부등식을 그림으로 그려보아라.

(해답은 301쪽에)

••• 문제 5-2 (수렴과 발산)

$\theta \to 0$일 때, ①~⑤가 수렴하는지, 혹은 발산하는지 알아보자.

① $\dfrac{1}{\theta}$

② $\dfrac{\sin\theta}{\theta}$

③ $\dfrac{\cos\theta}{\theta}$

④ $\tan\theta$

⑤ $\dfrac{\sin2\theta}{\theta}$

(해답은 302쪽에)

●●● 문제 5-3 ($\dfrac{\sin\theta}{\theta}$ 의 극한)

반지름이 1인 원에서

- 원의 둘레의 길이 2π
- 내접하는 정각형의 둘레의 길이 L_n
- 외접하는 정각형의 둘레의 길이 M_n

이라는 세 값의 사이에는

$$L_n < 2\pi < M_n$$

의 대소 관계가 존재한다($n = 3, 4, 5, \cdots$이며 아래의 그림은 $n = 6$일 때의 모양).

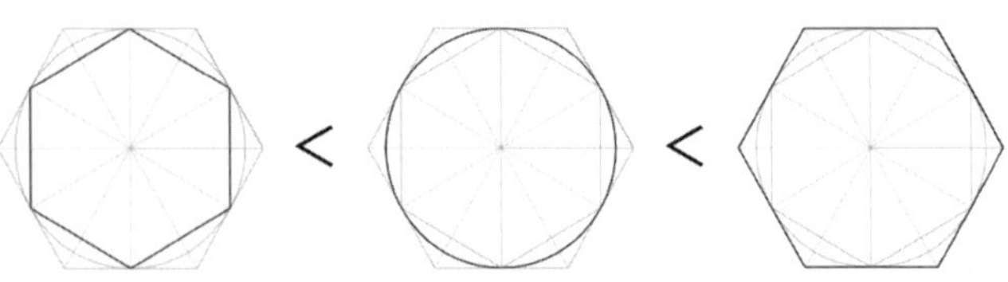

다음의 부등식을 활용해서

$$\lim_{\theta \to 0} \frac{\sin\theta}{\theta} = 1$$

임을 증명하시오.

(해답은 304쪽에)

에필로그

어느 날, 어느 시간. 수학 자료실에서.

소녀 우와아, 정말 다양하네요!

선생님 그렇지.

소녀 선생님, 이건 뭐죠?

선생님 뭐라고 생각하니?

소녀 원…. 점점 커지는 원?

선생님 그렇지. 반지름이 r인 원의 넓이는 뭘까?

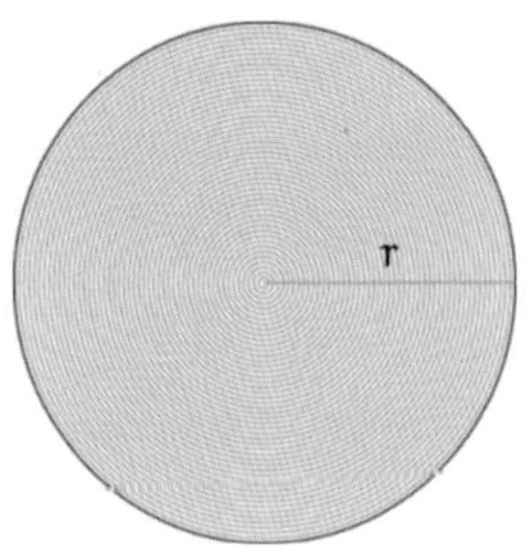

소녀 원의 넓이는 πr^2이에요.

소녀 그럼 πr^2을 r로 미분하면 어떻게 될까?

소녀 $2\pi r^2$이죠!

$$\frac{d}{dr}\pi r^2 = 2\pi r$$

소녀 πr^2은 원의 넓이를, $2\pi r$은 원의 둘레를 나타내는 식이라고 했었지.

소녀 원의 넓이를 반지름으로 미분하면 원둘레의 길이…라고요?!

선생님 그리고 반대로, x의 함수 $2\pi r$을 0부터 r까지 적분을 하면, πr^2을 얻을 수 있어.

$$\int_0^r 2\pi x\,dx = [\pi x^2]_0^r = \pi r^2$$

소녀 원의 둘레를 반지름으로 적분하면, 원의 넓이가 된다….

선생님 점점 커지는 무수히 많은 원의 둘레를 모두 합치면 마치 원판이 만들어지는 것과 같아.

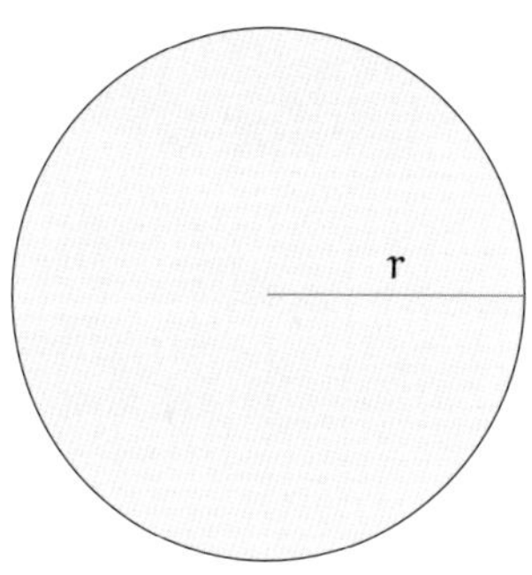

소녀 선생님, 여기에 원뿔이 있어요.

선생님 밑면의 반지름이 r이고, 높이가 r인 원뿔의 부피는 어떻게 구할까?

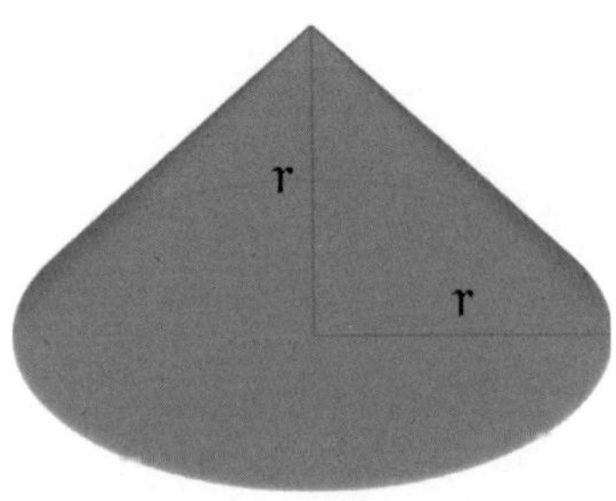

소녀 원뿔의 부피니까 $\frac{1}{3}\pi r^3$이죠.

선생님 $\frac{1}{3}\pi r^3$을 r로 미분하면 어떻게 되지?

$$\frac{d}{dr}\frac{1}{3}\pi r^3 = \pi r^2$$

소녀 πr^2이예요…. 부피를 미분하면 밑면의 넓이네요!?

선생님 반대로 x의 함수 πx^2을 0부터 r까지 적분을 하면, $\frac{1}{3}\pi r^3$ 이 되지.

$$\int_0^r \pi x^2 dx = \left[\frac{1}{3}\pi x^3\right]_0^r = \frac{1}{3}\pi r^3$$

소녀 …….

선생님 반지름이 점점 커지는 원판을 무수히 쌓아 올리면 마치 원뿔이 생기는 것과 같아.

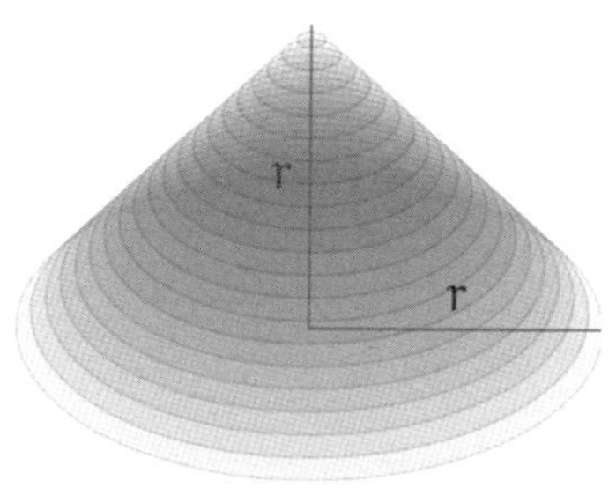

소녀 원판을 공중에 두둥실 띄우는 것 같아요.

선생님 그리고 그대로 미소를 짓는 거야.

소녀 미소?

선생님 여기에는 점점 커지는 구가 있어.

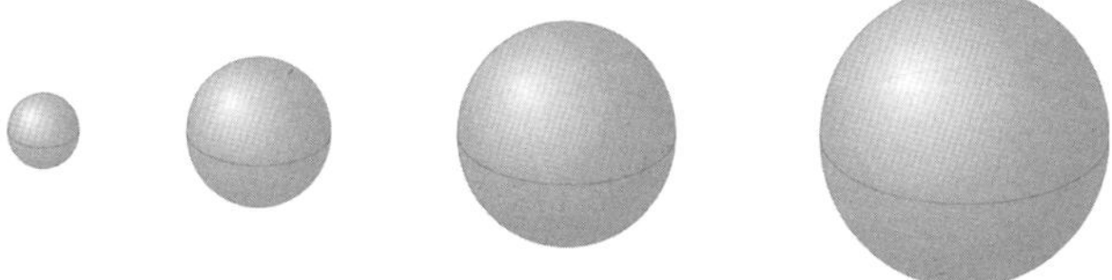

소녀 반지름이 r인 구의 부피는 $\frac{4}{3}\pi x^3$이에요. r로 미분을 하면, $4\pi r^2$이니까, 이건 확실히 구의 겉넓이라고 할 수 있어요!

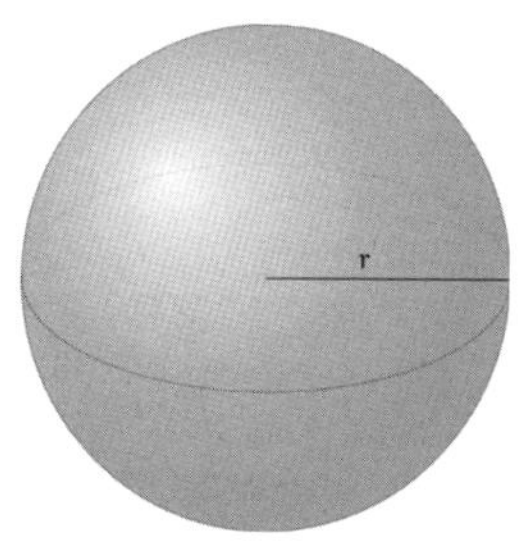

$$\frac{d}{dr}\frac{4}{3}\pi r^3 = 4\pi r^2$$

선생님 맞아. 그리고 $4\pi r^2$을 0부터 r까지 적분을 하면 $\frac{4}{3}\pi r^3$이 되지. 마치….

$$\int_0^r 4\pi x^2 dx = \left[\frac{4}{3}\pi x^3\right]_0^r = \frac{4}{3}\pi r^3$$

소녀 겉넓이를 적분하면 부피가 되는 것처럼 말인가요?

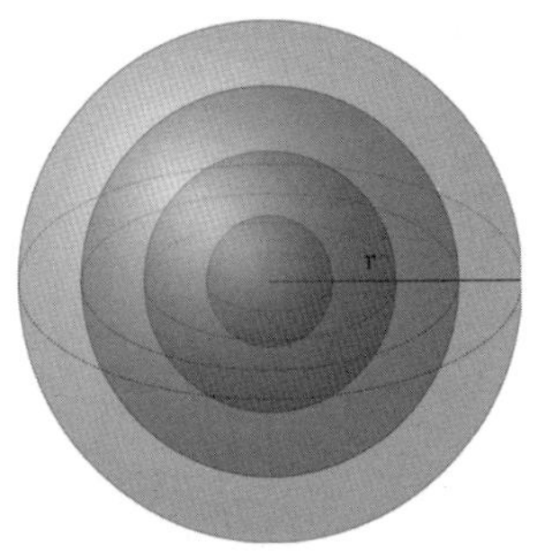

선생님 무수히 많은 구면을 하나로 합치면 구체가 만들어지는 것과 같아.

소녀 원의 둘레에서 원판이 만들어지고, 원판에서 원뿔이 만들어지고, 구면에서 구체가 만들어지고. 수많은 것이 미분과 적분으로 연결되어 있어요.

선생님 그렇지. 선에서 면, 면에서 입체가 탄생하는 것과 같이 말이야.

소녀 그러면 선생님! 입체를 적분하면, 무엇이 만들어지나요?

소녀는 그렇게 말하며 '푸흐흐'하고 웃었다.

참고문헌

- 시가 코지(志賀浩二), 《수학이 자라나는 이야기-적분의 세계(균등수렴과 푸리에 급수)(数学が育っていく物語-積分の世界(一様収束とフーリエ級数))》, 이와나미쇼텐(岩波書店)
- 구로다 다카오(黒田孝郎) 외, 《고등학교의 미분과 적분(高等学校の微分・積分)》, 치쿠마가쿠게이분코(ちくま学芸文庫)
- 시가 코지(志賀浩二), 《변화하는 세계를 파악하다(変化する世界をとらえる)》, 기노쿠니야쇼텐(紀伊國屋書店)
- 우자와 히로후미(宇沢弘文), 《점점 좋아지는 수학 입문 6(好きになる数学入門6)》, 이와나미쇼텐(岩波書店)
- 세이 후미히로(清史弘), 《신수학 Plus Elite 수학II-B(新数学Plus Elite 数学II・B)》, 순다이분코(駿台文庫)

해답

제1장의 해답

●●● 문제 1-1 (자동차의 이동 거리)

직선 위를 달리는 자동차가 있다. 자동차는 처음 20분을 시속 60km로, 그다음 40분은 시속 36km로 달렸다.

그렇다면 이 자동차는 총 몇 km를 달렸을까?

〈해답 1-1〉

20분은 $\frac{20}{60} = \frac{1}{3}$ 시간이므로 시속 60km로 20분을 달리면 자동차는

$$60 \times \frac{1}{3} = 20(\text{km})$$

의 거리를 달린다.

또한, 40분은 $\frac{40}{60} = \frac{2}{3}$ 시간이므로 시속 36km로 40분을 달리면 자동차는

$$36 \times \frac{2}{3} = 24(\text{km})$$

의 거리를 달린다.

따라서, 자동차는 총

$$20+24=44(\text{km})$$

의 거리를 달리게 된다.

답: 44km

보충 설명

이 자동차는 44km의 거리를 20+ 40= 60분(1시간) 동안 달렸으므로, 이 차의 평균 속도는 시속 44km이다.

●●● 문제 1-2 (이동 거리 그래프와 속도 그래프)

자동차가 문제 1-1과 같이 달렸을 때, '이동 거리 그래프'와 '속도 그래프'를 각각 그려보자.

〈해답 1-2〉

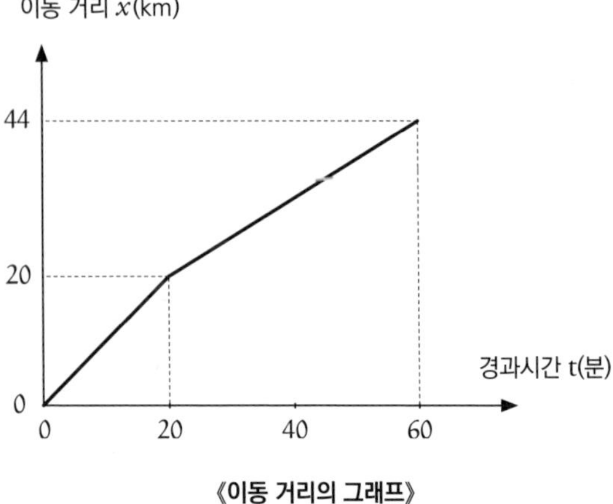

《이동 거리의 그래프》

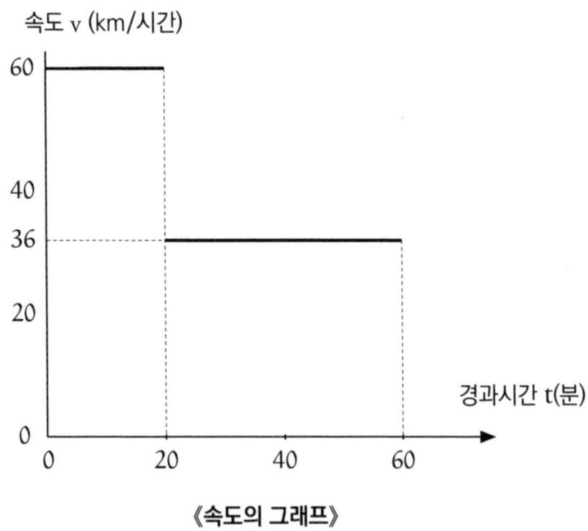

《속도의 그래프》

●●● **문제 1-3 (수조에 물이 가득 찰 때까지)**

수조에 물을 채우는 두꺼운 파이프와 얇은 파이프가 있다. 빈 수조를 가득 채우기 위해 두꺼운 파이프만 사용한 경우에는 20분, 얇은 파이프만 사용한 경우에는 80분이 걸린다. 그렇다면 두 개의 파이프를 함께 사용해 비어 있는 수조를 가득 채우려면 몇 분이 걸릴까?

〈해답 1-3〉

굵은 파이프는 20분 동안 수조를 가득 채우므로, 1분 동안 수조의 $\frac{1}{20}$만큼 물을 채운다.

얇은 파이프는 80분 동안 수조를 가득 채우므로, 1분 동안 수조의 $\frac{1}{80}$만큼 물을 채운다.

따라서 굵은 파이프와 얇은 파이프를 함께 사용하면 1분 동안 수조의 $\frac{1}{20}+\frac{1}{80}$만큼의 물을 채우게 된다.

$$\frac{1}{20}+\frac{1}{80} = \frac{4}{80}+\frac{1}{80}$$ 통분을 한다.

$$= \frac{4+1}{80}$$ 분자를 계산한다.

$$= \frac{5}{80}$$

$$= \frac{1}{16}$$ 약분한다.

따라서 1분 동안 수조의 $\frac{1}{16}$ 만큼의 물을 채우기 때문에, 수조를 가득 채우기 위해 16분의 시간이 걸린다.

답: 16분

보충 설명

문제 1-3에서는 '1분 동안 얼마만큼의 물이 채워지는가'를 생각했다. 이것은 물이 들어가는 속도를 생각하는 것이다.

제2장의 해답

●●● 문제 2-1 (구분구적법)

$0 \le x \le 1$의 범위에서 $y = x^3$의 그래프와 x축이 만드는 도형의 넓이 S를 구분구적법을 사용해 구하시오.

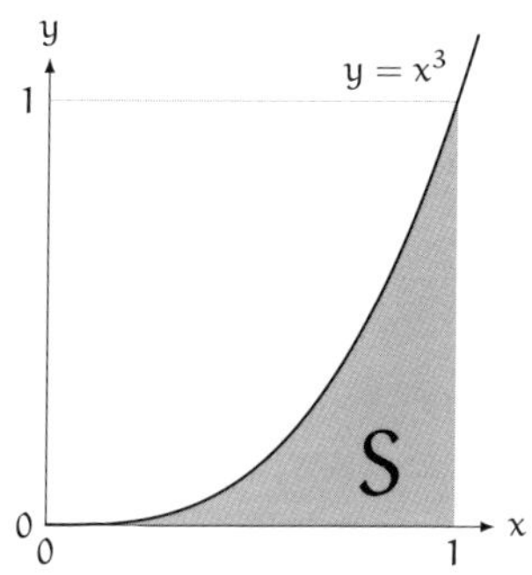

힌트 어떤 양의 정수 N에 대해서도

$$1^3+2^3 + \cdots + N^3 = \frac{N^2(N+1)^2}{4}$$

이 성립한다.

〈해답 2-1〉

$0 \leq x \leq 1$의 범위를 n등분 하고, S보다 작은 도형 L_n과 S보다 큰 도형 M_n을 만든다.

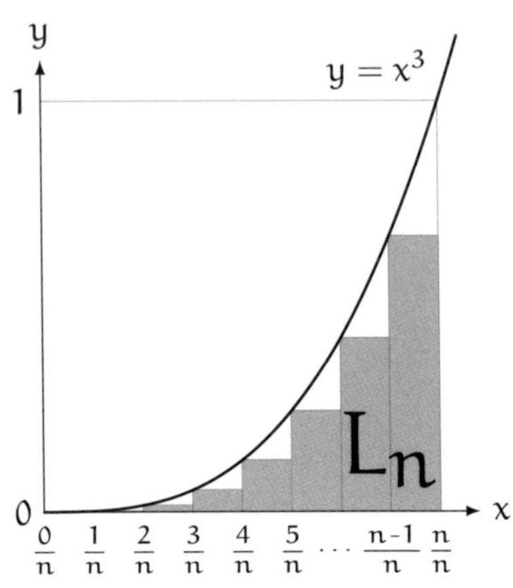

$$L_n = \frac{1}{n^4}\{0^3 + 1^3 + 2^3 + \dots + (n-1)^3\}$$ 직사각형의 합

$$= \frac{1}{n^4} \cdot \frac{(n-1)^2 n^2}{4}$$ 힌트에 $N = n-1$을 대입한다.

$$= \frac{1}{4} \cdot \frac{(n-1)^2}{n^2}$$ 약분해서 정리한다.

$$= \frac{1}{4}\left(1 - \frac{1}{n}\right)^2$$ $\frac{1}{n}$을 만든다.

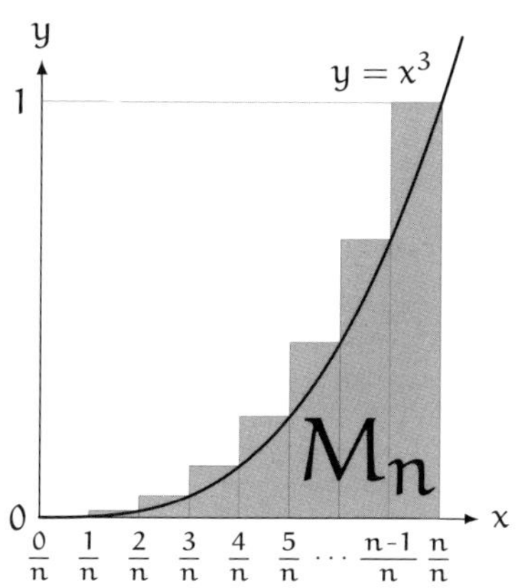

$$M_n = \frac{1}{n^4}(1^3 + 2^3 + \ \cdots \ + n^3)$$ 직사각형의 합

$$= \frac{1}{n^4} \cdot \frac{n^2(n+1)^2}{4}$$ 힌트의 N = n을 대입한다.

$$= \frac{1}{4} \cdot \frac{(n+1)^2}{n^2}$$ 약분해서 정리한다.

$$= \frac{1}{4}\left(1 + \frac{1}{n}\right)^2$$ $\frac{1}{n}$을 만든다.

$n \to \infty$인 극한을 생각하면,

$$L_n \to \frac{1}{4}$$

$$M_n \to \frac{1}{4}$$

이 되어, 부등식 $L_n < S < M_n$이 성립하기 때문에,

$$S = \frac{1}{4}$$

을 얻을 수 있다.

답: $S = \frac{1}{4}$

●●● **문제 2-2 (《샌드위치 정리》와 극한)**

두 개의 수열 $\{a_n\}$과 $\{b_n\}$을 다음과 같다고 합시다.

$$\begin{array}{ll} a_1 = 0.9 & b_1 = 1.1 \\ a_2 = 0.99 & b_2 = 1.01 \\ a_3 = 0.999 & b_3 = 1.001 \\ \vdots & \vdots \\ a_n = 1 - \frac{1}{10^n} & b_3 = 1 + \frac{1}{10^n} \\ \vdots & \vdots \end{array}$$

여기에서 어떤 실수 r은 어떤 양의 정수 n에 대해서도,

$$a_n < r < b_n$$

이 성립한다. 이때,

$$r = 1$$

임을 증명하시오.

〈해답 2-2〉

배리법으로 증명한다.

$r \neq 1$이라고 가정하면, $r > 1$ 또는 $r < 1$ 중 하나가 성립한다. $r > 1$의 경우, r은 양의 실수 ϵ을 사용해,

$$r = 1 + \epsilon$$

이라고 나타낼 수 있다. 그런데 충분히 큰 정수 n을 선택한다면,

$$\frac{1}{10^n} < \epsilon$$

가 성립할 수 있다. 여기에서 양변에 1을 더하면,

$$1 + \frac{1}{10^n} < 1 + \epsilon$$

가 된다. 좌변은 b_n과 같으며 우변은 r과 같기 때문에,

$$b_n < r$$

가 성립하게 된다. 하지만 이는 처음의 조건,

$$r < b_n$$

에 모순된다. 따라서 $r > 1$는 아니다.

이와 똑같은 과정으로 생각하면, $r < 1$도 성립하지 않는다.

따라서 $r = 1$이라고 할 수 있다.

(증명 끝)

보충 설명

위의 증명에서 다음과 같은 사실을 알았다.

0.999…인 실수를 나타내고 있으며, 어떤 양의 정수 n에 대해서도

$$\underbrace{0.999\cdots9}_{n개} < 0.999\cdots < \underbrace{1.000\cdots01}_{n-1개}$$

가 성립한다면,

$$0.999\cdots = 1$$

이라고 할 수 있다.

제3장의 해답

●●● 문제 3-1 (넓이를 구하라)

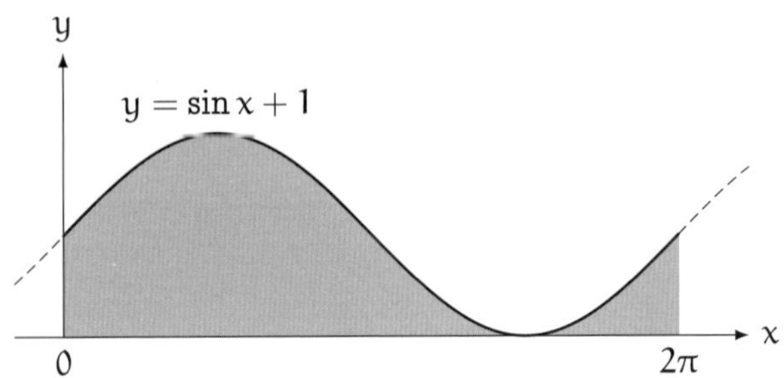

구간 $[0, 2\pi]$에서 그래프 $y = \sin x + 1$이 만드는 위의 그림과 같은 도형의 넓이를 구하시오.

힌트 $(-\cos x + x)' = \sin x + 1$

〈해답 3-1〉

$0 \leq x \leq 2\pi$일 때, $\sin x + 1 \geq 0$이기 때문에, 구간 $[0, 2\pi]$에서 $\sin x + 1$을 적분하면 넓이를 구할 수 있다. 아래의 적분에서는 $(-\cos x + x)' = \sin x + 1$임을 활용하고 있다.

$$\begin{aligned}\int_0^{2\pi}(\sin x+1)\mathrm{d}x &= [-\cos x+x]_0^{2\pi}\\ &= (-\cos 2\pi+2\pi)-(-\cos 0+0)\\ &= -\cos 2\pi+2\pi+\cos 0\\ &= -1+2\pi+1\\ &= 2\pi\end{aligned}$$

답: 2π

보충 설명

해답 3-1에서는,

$$\begin{cases} a=0\\ b=2\pi\\ f(x)=\sin x+1\\ \mathrm{F}(x)=-\cos x+x\end{cases}$$

를 공식

$$\int_a^b f(x)\mathrm{d}x=\mathrm{F}(b)-\mathrm{F}(a)$$

에 사용했다.

또 다른 풀이

그래프의 대칭성을 생각하면, 아래와 같은 그림의 ①의 넓이는 ②의 넓이와 같아진다. 따라서 구하는 넓이는 세로의 길이가 1이고 가로의 길이가 2π가 된다.

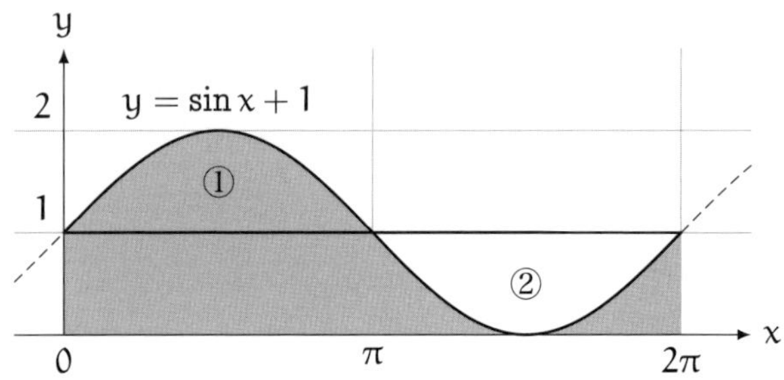

답: 2π

●●● **문제 3-2 (넓이를 구하라)**

구간 [0, 1]에서 그래프 $y = e^x$이 만드는 아래의 그림과 같은 도형의 넓이를 구하시오.

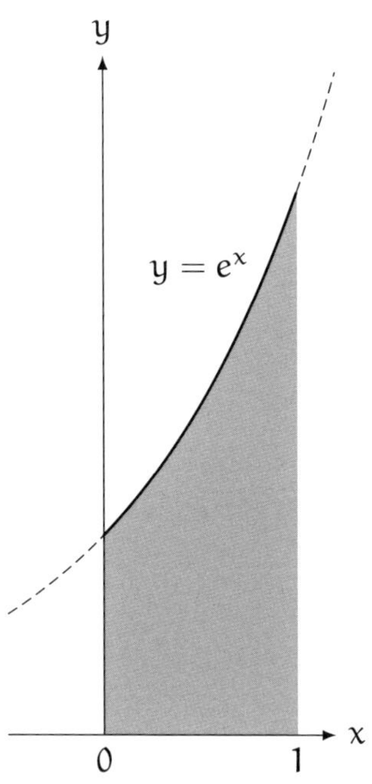

힌트 $(e^x)' = e^x$

〈해답 3-2〉

$e^x \geq 0$이기 때문에, 구간 [0, 1]에서 e^x을 적분하면 넓이를 구할 수 있다. 아래의 적분에서는 $(e^x)' = e^x$를 활용하고 있다.

$$\int_0^1 e^x dx = [e^x]_0^1$$
$$= e^1 - e^0$$
$$= e - 1$$

답: e − 1

●●● **문제 3-3 (넓이를 구하라)**

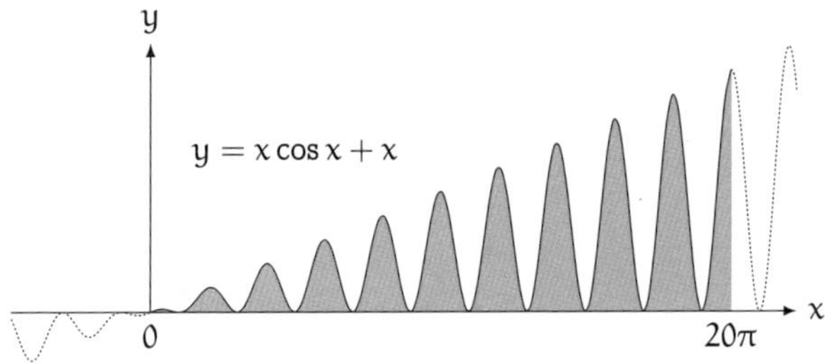

구간 [0, 20π]에서 그래프 $y = x\cos x + x$가 만드는 위의 그림과 같은 도형의 넓이를 구하시오.

힌트 $(x\sin x + \cos x + \frac{1}{2}x^2)' = x\cos x + x$

〈해답 3-3〉

$x \geq 0$일 때, $x\cos x + x \geq 0$이기 때문에, 구간 $[0, 20\pi]$에서 $x\cos x + x$를 적분하면 넓이를 구할 수 있다.

$$\int_0^{20\pi} (x\cos x + x)dx = [x\sin x + \cos x + \frac{1}{2}x^2]_0^{20\pi} \quad \text{힌트의 수식}$$
$$= \left\{(20\pi \times \sin 20\pi + \cos 20\pi + \frac{1}{2} \times (20\pi)^2\right\}$$
$$- (0 \times \sin 0 + \cos 0 + \frac{1}{2} \times 0^2)$$
$$= 1 + 200\pi^2 - 1$$
$$= 200\pi^2$$

답: $200\pi^2$

보충 설명

문제 3-3의 힌트에서는 'x로 미분하면 $x\cos x + x$가 되는 함수'로

$$x\sin x + \cos x + \frac{1}{2}x^2$$

이라는 함수가 주어졌다. 이 함수는 어떻게 얻을 수 있을까?

$x\cos x + x$의 전체적인 식은 '합의 형태'로 되어 있으며, $x\cos x$는 x와 $\cos x$의 '곱의 형태'로 되어 있다. 이를 어떻게 적분할 것인지에 대한 내용이 제4장의 주제이다. 문제 4-2(221쪽)에서는 미분하면 $x\cos x$가 되는 함수를 구한다.

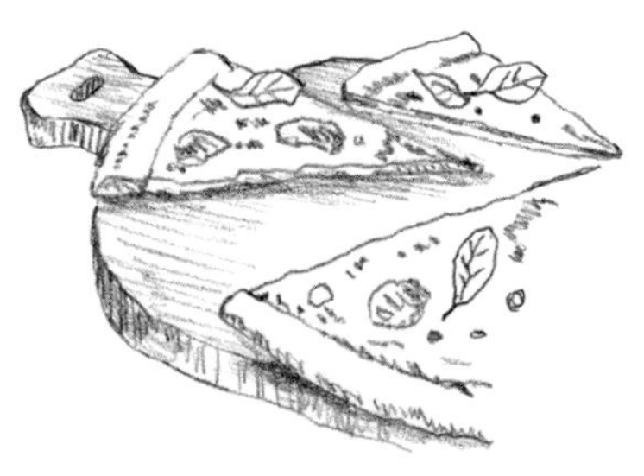

제4장의 해답

●●● 문제 4-1 (부정적분의 계산)

①~④의 부정적분을 구하시오.

① $\int(2x+3x^2+4x^3)dx$

② $\int(x^2+e^x)dx$

③ $\int(n+1)!\,x^n dx$ (n은 양의 정수)

④ $\int(12x^2+34e^x+56\sin x)dx$

힌트 $(-\cos x)'=\sin x$, $(e^x)'=e^x$

〈해답 4-1〉

①

$$\begin{aligned}&\int(2x+3x^2+4x^3)dx\\=&\int 2x\,dx+\int 3x^2dx+\int 4x^3dx\\=&\ 2\times\frac{1}{2}x^2+3\times\frac{1}{3}x^3+4\times\frac{1}{4}x^4+C\\=&\ x^2+x^3+x^4+C\end{aligned}$$

(C는 적분상수)

검산 $(x^2+x^3+x^4+C)'=2x+3x^2+4x^3$

②

$$\int(x^2+e^x)dx$$
$$=\int x^2dx+\int e^xdx$$
$$=\frac{x^2}{3}+e^x+C \qquad \text{(C는 적분상수)}$$

검산 $(\frac{x^2}{3}+e^x+C)'=x^2+e^x$

③

$$\int(n+1)!x^ndx$$
$$=(n+1)!\int x^ndx$$
$$=(n+1)!\cdot\frac{1}{n+1}\ x^{n+1}+C$$
$$=\frac{(n+1)\cdot n!}{n+1}\cdot x^{n+1}+C$$
$$=n!+x^{n+1}+C \qquad \text{(C는 적분상수)}$$

검산 $(n!x^{n+1}+C)'=(n+1)\cdot n!x^n$

$$=(n+1)!x^n$$

④

$$\int(12x^2+34e^x+56\sin x)dx$$

$$= \int 12x^2 dx + \int 34e^x dx + \int 56 \sin x\, dx$$
$$= 12\int x^2 dx + 34\int e^x dx + 56\int \sin x\, dx$$
$$= 12 \cdot \frac{1}{3}x^3 + 34e^x + 56(-\cos x) + C$$
$$= 4x^3 + 34e^x - 56\cos x + C \qquad \text{(C는 적분상수)}$$

검산 $(4x^3 + 34e^x - 56\cos x + C)'$

$= 4 \cdot 3x^2 + 34e^x - 56(-\sin x) + 0$

$= 12x^2 + 34e^x + 56\sin x$

●●● **문제 4-2 (곱의 형태)**

다음의 부정적분을 구하시오.

$$\int x\cos x\, dx$$

힌트 $(\sin x)' = \cos x, (\cos x)' = -\sin x$

〈해답 4-2〉

$f(x) = x,\ g(x) = \sin x$로, 부분적분의 공식

$$\int f(x)g'(x)dx = f(x)g(x) - \int f'(x)g(x)dx$$

를 사용한다.

$\int x\cos x \, dx$

$= \int x(\sin x)'dx$ $\quad$ $(\sin x)' = \cos x$ 을 사용한다.

$= x\sin x - \int (x)'\sin x dx$ $\quad$ 부분적분의 공식

$= x\sin x - \int 1\sin x dx$ $\quad$ $(x)' = 1$이다.

$= x\sin x - \int \sin x dx$ $\quad$ $1\sin x = \sin x$이다.

$= x\sin x + \cos x + C$ (C는 적분상수) $\quad$ $(\cos x)' = -\sin x$이다.

답: $\int x\cos x \, dx = x\sin x + \cos x + C$ (C는 적분상수)

검산

$(x\sin x + \cos x + C)'$ $\quad$ 적분 결과를 미분한다.

$= (x\sin x)' + (\cos x)' + (C)'$ $\quad$ '합의 적분은 적분의 합'

$= (x\sin x)' + (\cos x)' + 0$ $\quad$ 정수의 미분은 0이다.

$= (x)'\sin x + x(\sin x)' + (\cos x)'$ $\quad$ 곱셈 미분 공식

$= \sin x + x\cos x + (\cos x)'$

$= \sin x + x\cos x - \sin x$ $\quad$ $(\cos x)' = -\sin x$

$= x\cos x$ 확실히 원래대로 돌아간다.

보충 설명

문제 3-3의 힌트는 해답 4-2를 바탕으로 만들었다.

●●● 문제 4-3 (곱의 형태)

다음의 부정적분을 구하시오.

$$\int (x^2 + x + 1)e^x dx$$

〈해답 4-3〉

부분적분의 공식을 두 번 사용한다.

$$\int (x^2 + x + 1)e^x dx$$
$$= \int (x^2 + x + 1)(e^x)' dx$$
$$= (x^2 + x + 1)e^x - \int (x^2 + x + 1)' e^x dx$$ 부분적분의 공식
$$= (x^2 + x + 1)e^x - \int (2x + 1)e^x dx$$ $(x^2 + x + 1)' = 2x + 1$ 이다.
$$= (x^2 + x + 1)e^x - \int (2x + 1)(e^x)' dx$$ 다시 한 번, 부분적분 공식을 사용할 준비를 한다.

$$= (x^2+x+1)e^x - \left\{(2x+1)e^x - \int(2x+1)'e^x dx\right\}$$ 부분적분의 공식

$$= (x^2+x+1)e^x - \left\{(2x+1)e^x - \int 2e^x dx\right\}$$ $(2x+1)'=2$이다.

$$= (x^2+x+1)e^x - (2x+1)e^x + \int 2e^x dx$$ 괄호를 벗긴다.

$$= (x^2+x+1)e^x - (2x+1)e^x + 2e^x + C$$ $\int 2e^x dx = 2e^x + C$이다.

$$= (x^2+x+1-2x-1+2)e^x + C$$ e^x로 묶는다.

$$= (x^2-x+2)e^x + C$$ 괄호 안을 계산한다.

답: $\int(x^2+x+1)e^x dx = (x^2-x+2)e^x + C$ (C는 적분상수)

검산

$$\{(x^2-x+2)e^x + C\}'$$ 적분 결과를 미분한다.

$$= \{(x^2-x+2)e^x\}'$$

$$= (x^2-x+2)'e^x + (x^2-x+2)(e^x)'$$ 곱셈 미분 공식

$$= (2x-1)e^x + (x^2-x+2)e^x$$ 미분을 시행한다.

$$= (x^2+x+1)e^x$$ 확실히 원래대로 돌아온다.

제5장의 해답

●●● 문제 5-1 (《샌드위치 정리》를 확인하다)

본문(261쪽)에서는 부채꼴을 직각삼각형으로 '샌드위치 정리'하는 부등식을 아래와 같은 그림으로 나타냈다.

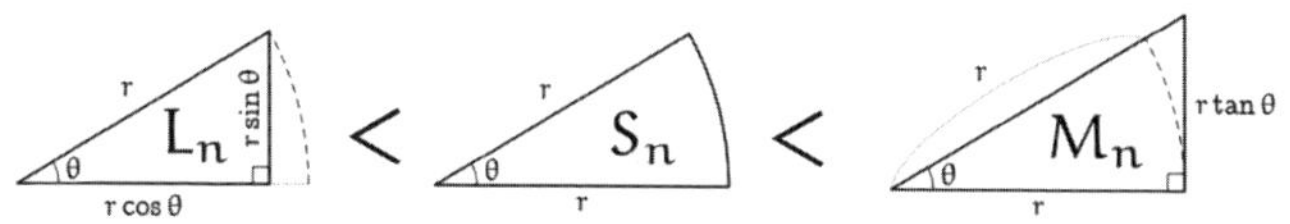

n = 12일 때, 직각삼각형을 n개씩 모아 원을 '샌드위치 정리'하는 부등식을 그림으로 그려보아라.

〈해답 5-1〉

예를 들어, 아래와 같은 그림이 된다.

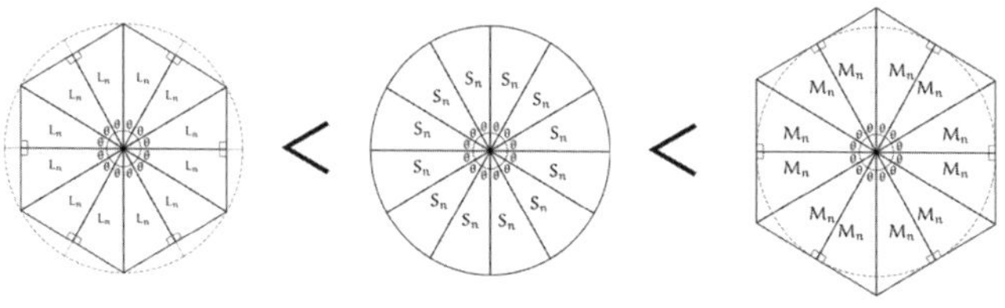

또한 이렇게 나열해도 좋다.

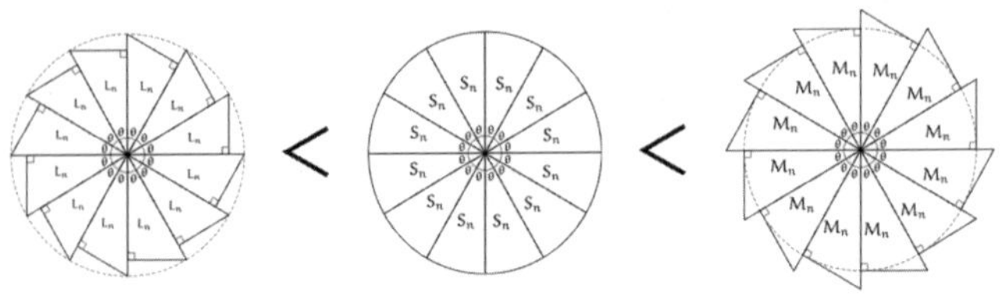

●●● 문제 5-2 (수렴과 발산)

$\theta \to 0$일 때, ①~⑤가 수렴하는지, 혹은 발산하는지 알아보자.

① $\dfrac{1}{\theta}$

② $\dfrac{\sin\theta}{\theta}$

③ $\dfrac{\cos\theta}{\theta}$

④ $\tan\theta$

⑤ $\dfrac{\sin 2\theta}{\theta}$

〈해답 5-2〉

① $\theta \to 0$일 때, $\dfrac{1}{\theta}$는 발산한다.

② $\theta \to 0$일 때, $\dfrac{\sin\theta}{\theta}$는 수렴하며, 극한값은 1이다.

③ $\theta \to 0$일 때, $\dfrac{\cos\theta}{\theta}$은 발산한다.

④ $\theta \to 0$일 때, $\tan\theta$는 수렴하며, 극한값은 0이다. 왜냐하면 $\tan\theta = \dfrac{\sin\theta}{\cos\theta}$이므로 $\theta \to 0$일 때, $\sin\theta$는 0으로 수렴하고, $\cos\theta$는 1로 수렴하기 때문이다.

⑤ $\theta \to 0$때, $\dfrac{\sin 2\theta}{\theta}$는 수렴하며, 극한값은 2이다.

$$\begin{aligned}\lim_{\theta\to 0}\frac{\sin 2\theta}{\theta} &= \lim_{\theta\to 0}\frac{2\cdot\sin 2\theta}{2\theta}\\ &= 2\cdot\lim_{\theta\to 0}\frac{\sin 2\theta}{2\theta}\\ &= 2\end{aligned}$$

●●● 문제 5-3 ($\dfrac{\sin 2\theta}{\theta}$의 극한)

반지름이 1인 원에서

- 원의 둘레의 길이 2π
- 내접하는 정각형의 둘레의 길이 L_n
- 외접하는 정각형의 둘레의 길이 M_n

이라는 세 값의 사이에는

$$L_n < 2\pi < M_n$$

의 대소 관계가 존재한다($n = 3, 4, 5, \cdots$이며 아래의 그림은 $n = 6$일 때의 모양).

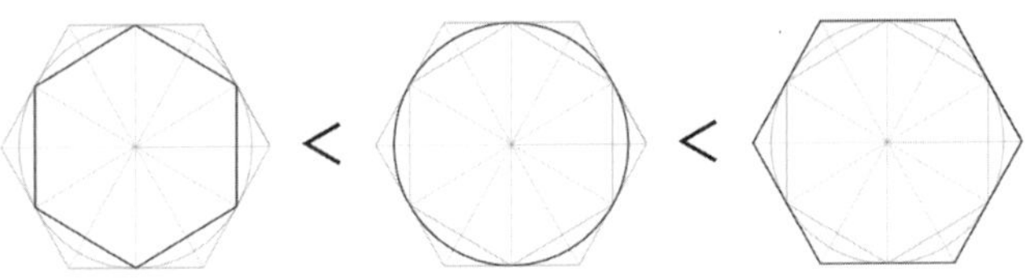

다음의 부등식을 활용해서

$$\lim_{\theta \to 0} \frac{\sin\theta}{\theta} = 1$$

임을 증명하시오.

〈해답 5-3〉

θ가 0에 충분히 가까울 때, θ와 $\sin\theta$ 는 같은 부호이므로 이제 $\theta > 0$라고 생각한다.

$\theta = \frac{\pi}{n}$ 라고 하면, 내접하는 정n각형의 둘레의 길이 L_n은

$$L_n = 2n\sin\theta$$

이며, 외접하는 정n각형의 둘레의 길이 M_n은

$$M_n = 2n\tan\theta$$

가 된다(그림은 n = 6의 경우).

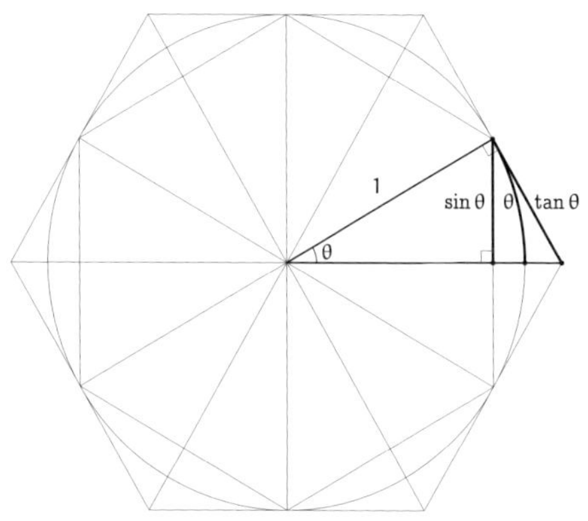

이를 사용해서 주어진 부등식을 바꾸어 쓰고, '샌드위치 정리'를 한다.

$$L_n < 2\pi < M_n$$ 주어진 부등식

$$2n\sin\theta < 2\pi < 2n\tan\theta$$ L_n과 M_n을 사용한다.

$$\sin\theta < \theta < \tan\theta$$ 2n으로 나눈다.

$$\frac{\sin\theta}{\sin\theta} < \frac{\theta}{\sin\theta} < \frac{\tan\theta}{\sin\theta}$$ $\sin\theta$로 나눈다.

$$1 < \frac{\theta}{\sin\theta} < \frac{1}{\cos\theta}$$ $\frac{\tan\theta}{\sin\theta} = \frac{1}{\cos\theta}$ 이다.

$$1 > \frac{\sin\theta}{\theta} > \cos\theta$$ 역수를 취한다.

$$\cos\theta < \frac{\sin\theta}{\theta} < 1$$ 순서를 바꾼다.

$n \to \infty$일 때, $\theta \to 0$이고 $\cos\theta \to 1$이 되기 때문에, 부등식

$$\cos\theta < \frac{\sin\theta}{\theta} < 1$$

을 사용해서 '샌드위치 정리'를 시행하면,

$$\theta \to 0\text{일 때, } \frac{\sin\theta}{\theta} \to 1$$

이라고 할 수 있다. 즉

$$\lim_{\theta \to 0} \frac{\sin 2\theta}{\theta} = 1$$

이다.

(증명 끝)

이 책에 실린 수학 토크보다 한 걸음 더 나아가 '좀 더 생각해보길 원하는' 독자를 위해 다른 종류의 문제를 싣는다. 그에 대한 해답은 이 책에는 실려 있지 않고, 각 문제의 정답이 하나뿐이라는 제한도 없다.

혼자 힘으로, 또는 이런 문제를 함께 토론할 수 있는 사람들과 함께 곰곰이 생각해보기 바란다.

제1장 둥근 삼각형

●●● 연구 문제 1-X1 (단위에 대한 양)

아래와 같이 나열된 항목은 '단위에 대한 양'이라고 생각할 수 있다.

- 단위 시간에 대한 위치의 변화 (속도)
- 단위 넓이에 대한 인구 (인구 밀도)
- 단위 넓이에 대해 작용하는 힘 (압력)
- 단위 부피에 대한 질량 (밀도)

그 외에도 '단위에 대한 양'을 찾아보자.

●●● 연구 문제 1-X2 (왕복하는 형의 그래프)

제1장의 문제 2(23쪽)에서 왕복하는 형의 '위치 그래프'는 어떤 형태인가요? 방향도 고려한 '속도 그래프'나 '속도의 크기(빠르기)의 그래프'도 함께 생각해보자.

제2장 샌드위치 정리로 구하다

●●● 연구 문제 2-X1 (합을 구하자)

제2장에서는

$$\sum_{k=1}^{N} k^2 = 1^2 + 2^2 + 3^2 + \cdots + N^2 \ \frac{N(N+1)(2N+1)}{6}$$

이라는 거듭제곱의 합을 구했다(98쪽). 이와 같은 방법으로 세제곱의 합, 네제곱의 합, …을 구해보자. 또, 같은 방법으로 '1제곱의 합(단순한 합)'도 구할 수 있을까?

●●● 연구 문제 2X-2 (분할 방법)

제2장에서는 $0 \leq x \leq 1$의 범위를 동일하게 등분해 구분구적법을 사용했다. 동일하게 나누지 않는 경우에도 같은 계산 결과를 얻을 수 있을까?

제3장 미적분학의 기본 정리

●●● 연구 문제 3X-1 (적분과 연속성)

제3장에서 '나'가 미적분학의 기본 정리를 설명할 때, 함수 $f(t)$는 연속한다는 조건이 나왔다(124쪽). 이 조건은 어느 부분을 설명하며 사용했을까?

●●● 연구 문제 3X-2 (이산과 연속)

제3장의 마지막 부분에서 함수의 적분과 수열의 합이 비슷하다는 주제가 등장했다(156쪽). $\int$과 $\sum$의 유사점을 여러분도 함께 고민해보자. 예를 들어 '어떤 함수의 원시함수는 무수히 많다'라는 문장은 합에 있어서 어떤 것과 유사할까?

●●● 연구 문제 3X-3 (계차수열과 합의 관계)

제3장의 마지막 부분에서는 수열 $\{a_n\}$에 대해

$$\frac{A_{n+1} - A_n}{1} = a_n$$

이 되는 수열 $\{A_n\}$에 대해 생각했다(159쪽). 수열 $\{S_n\}$을

$$S_n = \sum_{k=0}^{n} a_k$$

로 정의할 때, 수열 $\{S_n\}$과 수열 $\{A_n\}$의 관계를 생각해보자.

제4장 식의 형태를 꿰뚫어 보다

●●● 연구 문제 4X-1 ('합의 무언가는 무언가의 합')

제4장에서는 '합의 무언가는 무언가의 합'이라는 문장이 등장했다.

- 합의 적분은 적분의 합
- 합의 미분은 미분의 합
- 합의 기댓값은 기댓값의 합

그 외에도 '합의 무언가는 무언가의 합'이 성립하는 것이 존재하는지 고민해보자. 예를 들어 '합의 나머지는 나머지의 합'이라고도 말할 수 있을까? 다시 말해

$$(a \bmod \mathrm{n}) + (b \bmod \mathrm{n}) = (a + b) \bmod \mathrm{n}$$

은 성립할까? 여기에서 a, b는 정수이며 n은 0보다 큰 정수로, $a \bmod \mathrm{n}$은 a를 n으로 나누었을 때의 나머지를 구하는 연산이다.

●●● 연구 문제 4X-2 (부분적분의 공식)

제4장에서는 부분적분의 공식

$$\int f(x)g'(x)\mathrm{d}x = f(x)g(x) - \int f'(x)g(x)\mathrm{d}x + \mathrm{C}$$

를 사용해서,

$$\int x\mathrm{e}^x\mathrm{d}x$$

라는 부정적분을 구했다. 208쪽에서는

$$\begin{cases} f(x) = x \\ g(x) = \mathrm{e}^x \end{cases}$$

라고 가정했지만, 반대로

$$\begin{cases} f(x) = e^x \\ g(x) = x \end{cases}$$

라고 하면 결과값은 어떻게 될까?

제5장 원의 넓이를 구하다

●●● 연구 문제 5X-1 (원을 자르는 방법)

제5장에서는 원을 부채꼴 모양으로 잘라 '샌드위치 정리'를 해서 넓이를 구했다. 나누는 방법을 다르게 해도 원의 넓이를 구할 수 있을까?

●●● 연구 문제 5X-2 (비율의 극한과 차의 극한)

제5장에서는

$$\theta \to 0 \text{ 일 때, } \frac{\sin\theta}{\theta} \to 1$$

의 의미에 대해 생각했다. 어떤 두 개의 함수 $f(x)$와 $g(x)$에 대해

$$x \to 0 \text{ 일 때, } \frac{f(x)}{g(x)} \to 1 \qquad \text{(A)}$$

라고 가정한다. 이때,

$$x \to 0 \text{ 일 때, } f(x) - g(x) \to 0 \qquad \text{(B)}$$

이라고 할 수 있을까? 또 반대로 (B)라면 (A)라고 말할 수 있을까?

맺음말

안녕하세요, 유키 히로시입니다.

《수학 소녀의 비밀노트 – 고마워 적분》을 읽어주셔서 감사합니다. 속도를 적분해서 위치를 구하는 방법, '샌드위치 정리'와 구분구적법, '적분은 미분의 역연산'과 미적분학의 기본 정리, 그리고 원의 넓이까지. 적분을 둘러싼 많은 수학 이야기를 담았습니다. 이 책의 등장인물들과 함께 적분과 극한의 관계, 그리고 무한과의 관계를 즐기셨나요?

이 책은 케이크스(cakes)라는 웹사이트에 올린 인터넷 연재물 '수학 소녀의 비밀노트'의 제131회부터 제140회까지를 재편집한 것입니다. 이 책을 읽고 '수학 소녀의 비밀노트' 시리즈에 흥미를 가지게 된 분은 꼭 인터넷 연재물도 읽어보세요.

'수학 소녀의 비밀노트' 시리즈는 쉬운 수학을 주제로 중학생인 유리, 고등학생인 테트라, 미르카, 그리고 '나', 이렇게 네 사람이 즐거운 수학 토크를 펼치는 이야기입니다.

같은 등장인물이 활약하는 '수학 소녀'라는 다른 시리즈도 있습니다.

이 시리즈는 더욱 폭넓은 수학에 도전하는 수학 청춘 스토리입니다. 꼭 이 시리즈에도 관심을 가져주세요.

'수학 소녀의 비밀노트'와 '수학 소녀', 이 두 시리즈 모두 응원해 주시기를 바랍니다.

집필 과정에서 원고를 읽고 귀중한 조언을 주신 아래의 분들과 그 외 익명의 분들께 감사드립니다. 당연히 이 책의 내용 중 오류가 있다면 모두 저의 실수이며, 아래 분들께는 책임이 없습니다.

아카자와 료, 이가와 유스케, 이시이 하루카, 이시우 데츠야, 이나바 가즈히로, 우에하라 류헤이, 우에마쓰 야키미, 우치다 다이키, 오오니시 겐토, 가가미 히로미치, 기타가와 다쿠미, 기쿠치 나츠미, 기무라 이와오, 기리시마 코키, 쿠도 준, 하라 이즈미, 후지타 히로시, 혼덴 유토리(메다카칼리지), 마에하라 마사히데, 마츠다 나미, 마츠무라 아츠시, 마츠모리 요시, 미야케 기요시, 무라이 겐, 야마다 다이키, 요네우치 다카시.

'수학 소녀의 비밀노트'와 '수학 소녀', 두 시리즈를 계속 편집해주고 있는 SB크리에이티브의 노자와 키미오 편집장님께 감사드립니다.

케이크스의 가토 사다아키 씨께도 감사드립니다.

집필을 응원해주신 여러분들께도 감사드립니다.

세상에서 누구보다 사랑하는 아내와 두 아들에게도 감사 인사를 전합니다.

이 책을 마지막까지 읽어주셔서 너무 고맙습니다.

그럼, 다음 '수학 소녀의 비밀노트'에서 뵙겠습니다!

유키 히로시

www.hyuki.com/girl